创造生命的基因

[韩] 李闲吟 著 [韩] 金粉妙 绘 李孟莘 译

中信出版集团 | 北京

图书在版编目（CIP）数据

创造生命的基因 /（韩）李闲吟著 ;（韩）金粉妙绘 ;
李孟莘译 . -- 北京 : 中信出版社 , 2023.5
（讲给孩子的基础科学）
ISBN 978-7-5217-5243-4

Ⅰ . ①创… Ⅱ . ①李… ②金… ③李… Ⅲ . ①基因–
儿童读物 Ⅳ . ① Q343.1-49

中国国家版本馆 CIP 数据核字 (2023) 第 021914 号

创造生命的基因
（讲给孩子的基础科学）

著　　者：［韩］李闲吟
绘　　者：［韩］金粉妙
译　　者：李孟莘
出版发行：中信出版集团股份有限公司
（北京市朝阳区东三环北路 27 号嘉铭中心　邮编　100020）
承 印 者：北京瑞禾彩色印刷有限公司

开　　本：889mm × 1194mm　1/24　　印　　张：48　　字　　数：1558 千字
版　　次：2023 年 5 月第 1 版　　印　　次：2023 年 5 月第 1 次印刷
京权图字：01-2022-4476
审 图 号：GS 京（2022）1425 号（本书插图系原书插图）
书　　号：ISBN 978-7-5217-5243-4
定　　价：218.00 元（全 11 册）

服务热线：400-600-8099
投稿邮箱：author@citicpub.com

出　　品：中信儿童书店
图书策划：火麒麟
策划编辑：范萍　王平
责任编辑：曹威
营销编辑：杨扬
美术编辑：李然
内文排版：柒拾叁号工作室

是什么组成了我们身体的各种器官?

我们体内的细胞是什么结构?

不同的细胞有什么作用?

今天,

基因“金灵”将展开生命建造的设计图,

带你了解 DNA 与基因的关系……

目录

基因如何创造生物？

基因是什么？

遗传是如何实现的?

为什么要研究基因?

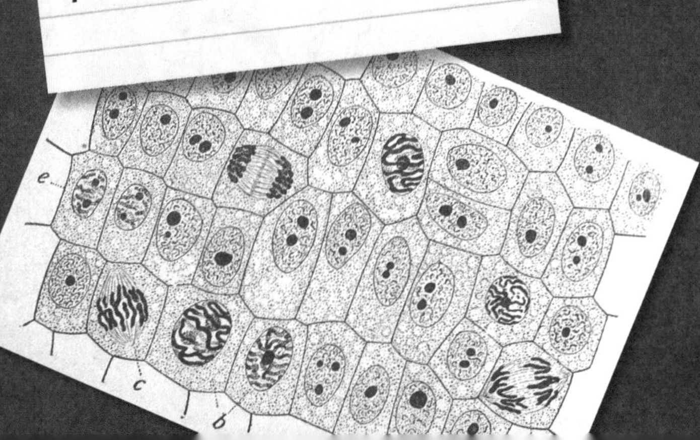

每个人都有自己擅长的事情，也有不擅长的事情。

有些人学习名列前茅，有些人运动细胞发达，有些人唱歌悦耳动听……

虽然这些才能都需要大家不懈的努力与磨炼，

但遗传基因也在其中起到了不容忽视的作用。

如果
大家可以随意改变基因会怎么样呢？

随我心意研究所
开业！

博士!

我的眼睛好疼。
你得的是一种罕见的遗传病。不用担心，只要帮你换一个基因就可以了。

既然如此，就请让我的视力变得像鹰一样好吧。
但鹰也善于寻找死去的动物，你能接受吗?

那就老虎的眼睛吧，我可以用它来教训教训坏人。
老虎的眼睛在夜里会发出阴森森的光亮哟。
你好。
哎哟！妈呀!

那给我变成大眼睛吧。
那我可做不到。
那就只治疗眼睛吧。
行!
博士!

怎么了?
我想取得更优秀的游泳成绩，所以吃了别人给的可以改变基因的药。

我现在长出鱼鳍了。

副作用!
嚯!

这是谁做的?!

博士，是您的孙子!

灌篮王！
像蚂蚱一样，
拥有惊人的弹
跳力！
哇——
100 米
新世界
纪录！
哒哒哒哒！
$E = mc^2$
像爱因斯坦一样
聪明的头脑！
像地球上速度最快的动
物猎豹一样迅捷！
财富！
荣誉！
这一切都不
再是梦。
嘿嘿嘿！

只要喝下这种能转变基因的药，
我也可以变成超人！

等一下！既然如此，我还要加入熊的力量，鹰的视力、海豚的游泳能力……

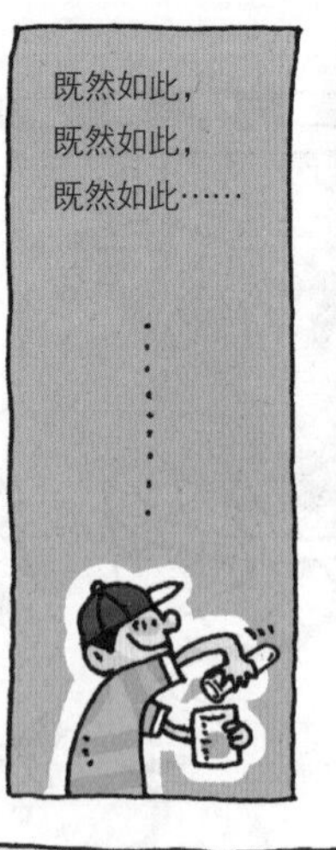
既然如此，
既然如此，
既然如此……

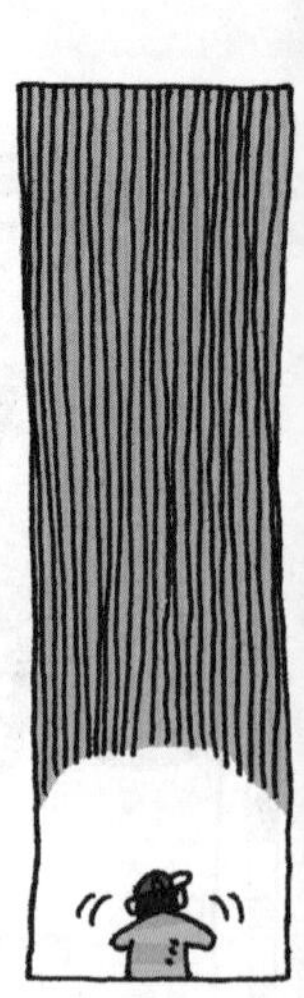

完成了！蚂蚱的弹跳力、猎豹的速度、熊的力量、鹰的视力、海豚的游泳能力、蝙蝠的感知力……
现在全都加进去了！
喝下这个，我就能变成名人了！

咕嘟——

砰！

哎呀，我好像混合得太多了！
啊，怪物呀！

这小子，跑
哪里去了?!
博士！出大事了！
博士！
博士！
博士！
您孙子介绍的
人，全都涌进
来了。
随我心意研究所
开业！
请您为我换一个会
学习的聪明头脑。
我也要。
……
……
我们夫妻俩想要量
身定做一个孩子。
身高要188厘米！
请您把我的胃变大
一些，我要去参加
大胃王比赛。
请让我家的狗狗别
再拉屁屁了。
基因是非常复杂的东西，不是只
改变某一部分就可以的。它所带
来的副作用也是不可估量的，还
是就以现在的样子生活吧！
爷爷——
快救救我!!
你!

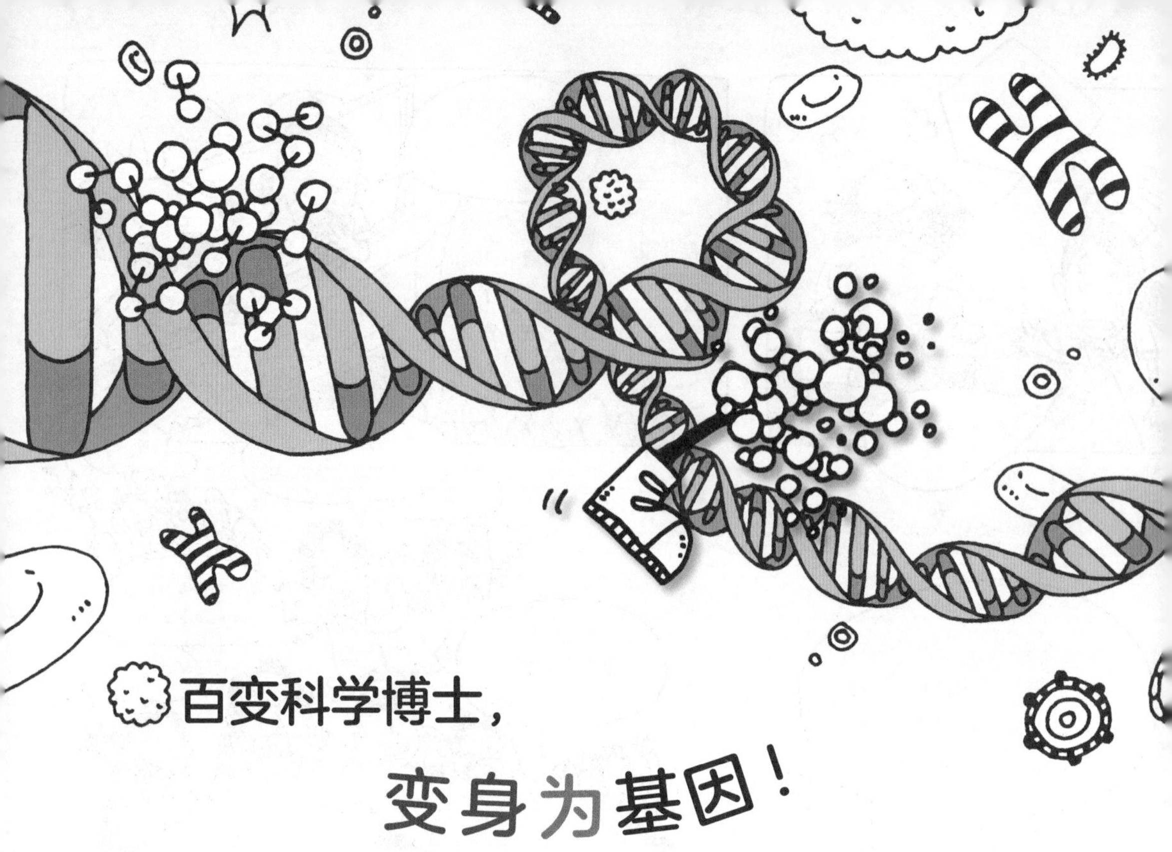

百变科学博士，变身为基因！

你好，我是金灵！

你问我是不是阿拉丁神灯里砰的一声冒出来的精灵？

虽然读起来很像，但我可不是精灵。

我是遗传基因，遗传就是指将父母的特征传给他们的子孙。

向子孙后代传递这些特征的，就是我和我的遗传基因朋友们。

我的名字就是从基因的英文 gene 来的。

我——金灵，就是数万个遗传基因中的基因代言人。

所以我非常喜欢和人聊天。

今天我就要给你讲讲我们基因的故事，你可要听好了！

哎哟，
好晕啊。

生活在远古的
三叶虫的化石和
原始植物化石的素描。

基因如何创造生物?

与月球和火星不同，地球上充满了生物。
地球上之所以生活着各式各样的生物，
全都是基因的功劳。
那么基因是如何创造出多样的生物的呢?

你好，朋友们!
我是金灵。

满是生物的地球

我们基因的种类非常非常多，在你的身体里有大约25 000个基因，水稻中的基因比你身体里的更多，有大约40 000个。那么存在没有基因的生物吗？不存在，所有的生物都有基因。即便是非常小的，肉眼无法看到的大肠杆菌，也有大约4 000多个基因。只不过生物的种类不同，它们的基因也有所不同。

我们基因可比神灯里的精灵厉害多了。你觉得我是在说大话吗？哼，你好好听听我的故事，就知道我是不是在说大话了。从现在开始，我要给你讲一讲，我们基因到底做了多么了不起的事情。

我们所做的第一件事就是为地球带来了鲜活的生命。与火星和金星不同，地球是有生命存活的星球。包裹着地球的大气中含有大量氧气，但是氧气与基因有什么关系呢？在很久很久以前，地球也是没有生物生存的荒芜之地。在那时，大气中充满了二氧化碳和氮气而不是氧气。我们在那时创造出了一种叫作蓝细菌的生物，蓝细菌在十几亿年的岁月中，不断地利用阳光和二氧化碳生产养分并释放出氧气。是的，没错，这就是蓝细菌在进行光合作用。多亏了它，地球上才充满了氧气，那些依靠氧气生存的生物也因此活了下来。那我们只做了创造出蓝细菌这一件事吗？当然不是了！

基因做的最重要的工作，就是创造生物，延续生命。

你是不是有点不明白？来，现在请想象一下斑马们奔跑的广阔草原。这片非洲大草原上水草十分丰美，所以聚集了很多大象、长颈鹿这样的食草动物。像狮子这样以食草动物为食的食肉动物也在这里生活着。

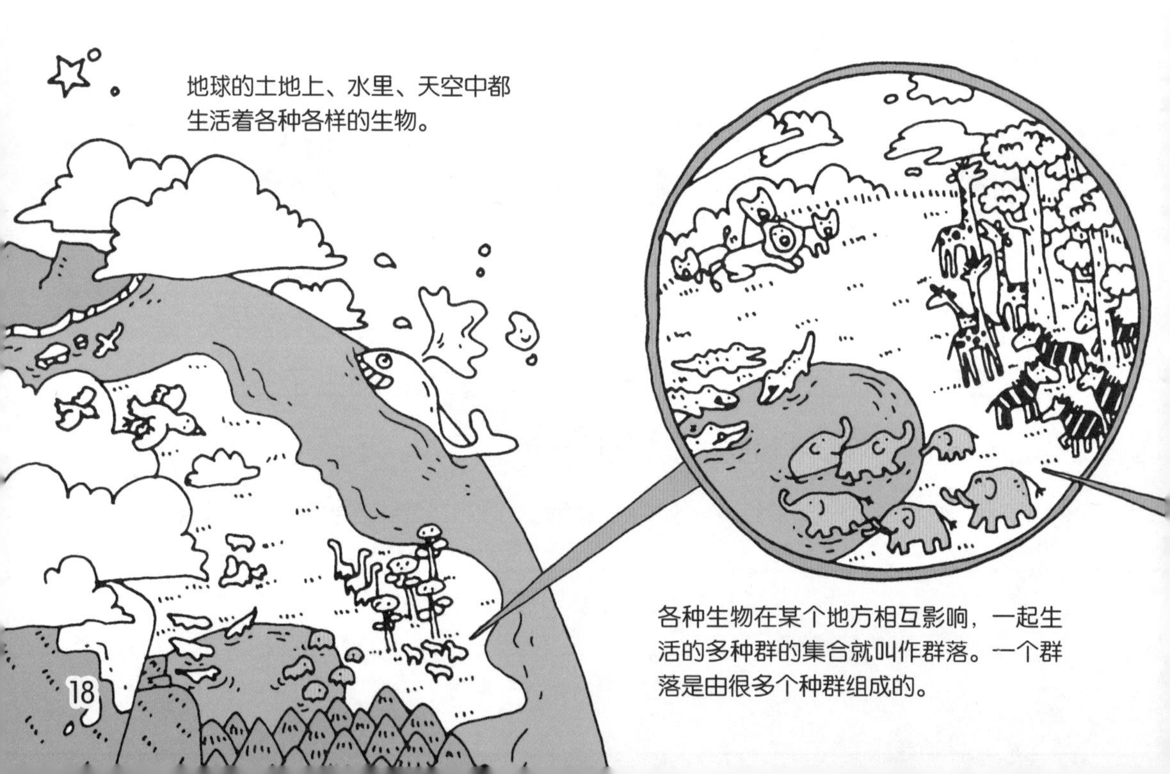

地球的土地上、水里、天空中都生活着各种各样的生物。

各种生物在某个地方相互影响，一起生活的多种群的集合就叫作群落。一个群落是由很多个种群组成的。

那么我们基因究竟存在于哪些动物体内呢？我们存在于所有动物的身体中。在大象的体内有体现大象特征的基因，在狮子的体内也有显示狮子特征的基因。当然，在小草中也有我们基因的存在，广阔的草原，不，世界上的所有生物都是由我们基因创造的。

在地球上生活着数不清的生物，它们都是在漫长的岁月中，由我们基因慢慢创造形成的。

所有的生物都有父母，它们的父母也有自己的父母。如果大家继续探寻它们的父母，不停地向上再向上寻找，就能够找到整个大象种群的祖先。小象的妈妈大象，大象的妈妈大大象，大大象的妈妈大大大象，大大大象的妈妈大大大大象，大大大大象的妈妈……斑马和长颈鹿也是一样。只要这样持续地向上寻找下去，就能找到它们唯一的祖先。如果大家继续探寻每个种群的祖先，就会汇聚在同一个祖先身边，结果大家会发现，所有生物的源头都是相连的。

生活在地球上的所有生物，都是大约 35 亿年前在地球上出现的一种生物的后代。

那种生物也是我们基因创造的，我们创造的这种生物不断地延续子孙后代，因此地球上就出现了各种各样的生物。所以说地球上能够拥有这么多生物，都是我们基因的功劳！

这么多的生物，
都是我们基因创
造的。
大家要遵守自
己的顺序。

鲜活的细胞

我已经说过我们基因创造了生物对吧？简单来说，是基因为生物创造了身体。生物的身体构造是非常复杂的，所以为它们构建身体的工作也是非常复杂和困难的。我们想要构建身体，首先就需要有细胞，生物的身体都是由细胞所组成的。这就像人们将砖头堆砌起来建造房子一样，我们就是把细胞堆积在一起组成身体的。

细胞是组成生物的基本单位。

既有由一个细胞组成的生物，也有由数不清的细胞聚集在一起组成的生物。细胞本身也是活的，所以由细胞组成的生物才会拥有生命。虽然细胞小到肉眼无法看到，但是它们的内部却是非常复杂的。我们先来看看组成你身体的细胞吧。

细胞的外面包裹着**细胞膜**，细胞的内部由被称为**细胞质**的黏稠液体和**细胞器**所组成。

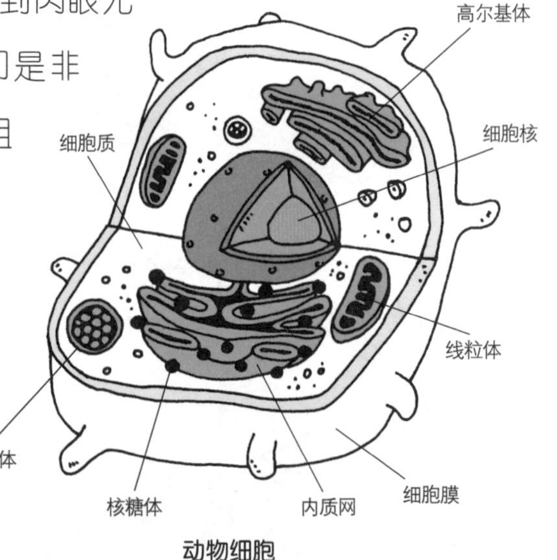

动物细胞

高尔基体是将物质储存或者输出的仓库。
内质网是向细胞内和细胞外输送物质的运输设备。
核糖体是听从基因的指令生产蛋白质的化学工厂。
in
out
线粒体是细胞活动时为它提供能量的火力发电站。
每个细胞都拥有一个细胞核，它是向细胞器下达命令的中央控制设备。
细胞膜是用来维持细胞的形状和阻止外部侵入者的警备设施。

细胞器是指细胞核、线粒体、内质网、高尔基体这样，从事着一些特殊工作的小型器官。

这么快就觉得头疼了，有点复杂是吗？但是就像你身体的复杂程度一样，你完全能够理解这些复杂的内容。

细胞中有很多个细胞器，每一个细胞器都负责不同的工作，因为大家分工合作比一个人做完所有的事情更有效率。这些细胞器听从我们基因的命令生产出物质，将它们储存起来，或者搬运到有需要的地方……像这样不停地工作着。虽然你感觉不到这些细胞器，但是它们在你的体内活跃地运动着，正因为如此你才能够活下去。所以每一个细胞器都非常重要，没有一个细胞器是没用的，在它们之中最重要的是**细胞核**。为什么这样说呢？因为细胞核内含有我们基因。

所有的细胞核内都含有我们基因，我们在这里下达各种命令，让每一个细胞器都能正常工作。这样一来你身体里的每一个细胞就都能做好各自的工作了，组成你身体的各个器官也就能有序地工作起来。现在你明白我们做事情多么有计划了吧。

生物复杂的身体

那么，接下来咱们就来讲讲生物的身体是怎么构建出来的吧。我们基因并不是一开始就能构建出像人类这样复杂的生物。在大约 35 亿年前我们第一次创造生物的时候，创造出的生物只拥有一个细胞，那是因为当时的我们能力不足。不过在漫长的岁月中我们的能力也不断地增长，所以就诞生了具有新能力的基因朋友。现在我们已经可以制作出由各种细胞和器官组成的复杂生物，那是像动物和植物一样由各种细胞所组成的生物。当然我们现在仍旧会创造像细菌这样由一个细胞构成的生物。

我们为生物构建身体的过程就和人类建造房屋一样，在建造房屋之前首先要打好地基，然后在地基上立起柱子支撑起屋顶。不能因为我们想要快速地将房子建造起来，就先

把屋顶搭建起来，必须一点一点循序渐进地进行。

为生物制作身体也是一样的，想要制作出一个人类的身体，就需要把超过 70 万亿个细胞一点一点地堆积起来，不过仅仅将细胞堆积起来是无法制作出身体来的。就像人们盖房子的时候，会单独建造墙壁、屋顶、门窗一样，我们也会利用细胞将皮肤、眼睛、鼻子、嘴、骨头、心脏等身体的各个部分一样一样地制作出来，为了做到这一点，我们必须认真地将细胞依照不同的种类区分开来。

细胞根据种类的不同，形状、大小、所承担的工作也各不相同。

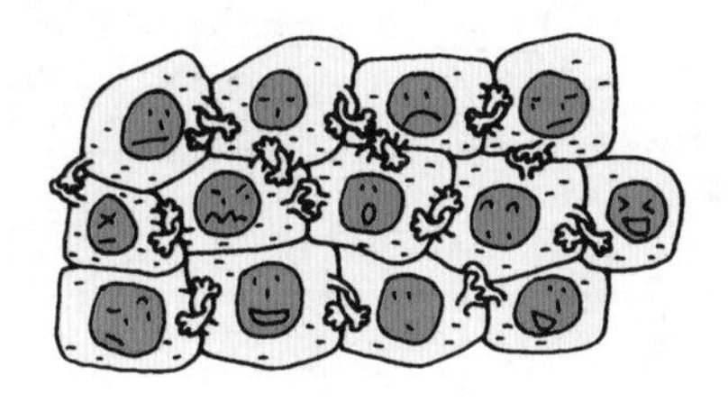

上皮组织
上皮组织是覆盖在身体表面和体内器官表面的组织，细胞在这里密密麻麻地排列着。皮肤的上皮组织可以防止有害物质或细菌进入体内。

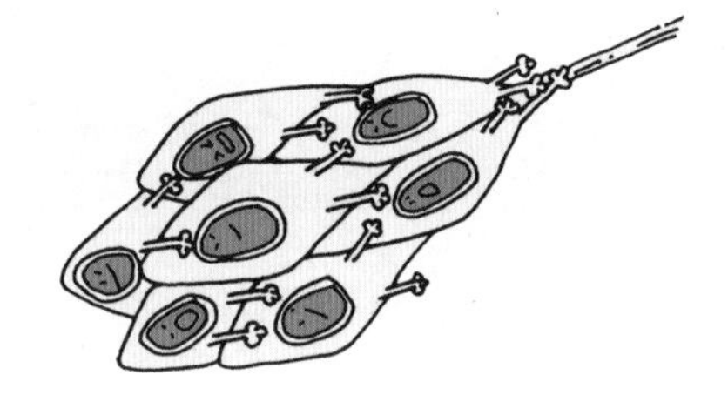

肌肉组织
肌肉组织是帮助身体活动的组织，它们由那些善于收缩的细胞组成。当一侧的肌肉组织收缩时，另一侧就会拉伸，人体的骨骼、内脏、心脏都是依靠这种方式运动的。

要想制作出你的身体，就需要用到超过 210 种细胞。我们在制作身体的时候，首先会把各种细胞按照它们的形状和所从事的工作分别聚集在一起。细胞像这样分类聚集在一起就形成了**组织**，人的体内有四种组织。它们分别是上皮组织、肌肉组织、结缔组织和神经组织。**上皮组织**覆盖在人体的表面，起到保护作用。**肌肉组织**的工作就是让身体活动起来。**结缔组织**能够把人体内的组织和组织连接在一起，为它们形成强有力的支撑。**神经组织**能够接收外部的刺激，然后综合这些刺激产生相应的反应。

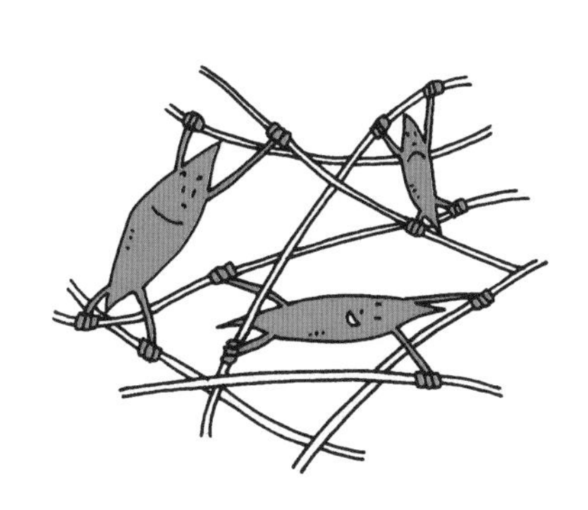

结缔组织
结缔组织能够保持整个身体外部和内部的器官的形状，它们负责将组成身体的各种组织和器官相互连接在一起。比如韧带就是负责将骨骼连接在一起的结缔组织。

神经组织
神经组织就是组成大脑、脊髓和神经的组织，它们由那些被称为神经元的神经细胞所组成。神经元通过电信号将刺激和命令传递出去。

我们将相同的细胞相互堆叠在一起生成组织以后，再将不同的组织集合在一起组成一个个能够工作的独特**器官**。比如说，我们把上皮组织、结缔组织、肌肉组织、神经组织全部结合在一起之后，就能够制作出胃这样的消化器官。

不过构建身体的工作可没有就此结束。就像当你想要烹饪食物的时候，能够派上用场的一定是厨房中的烹饪厨具，而不是卫生间里的清洁用具。人的身体也是这样，把那些做同样工作的器官连接在一起才能让它们更好地工作。我们把能够消化食物和吸收营养的口腔、咽、食管、胃、小肠、大肠这样的消化器官相互连接在一起，它们就能够帮助你的身体更好地吸收

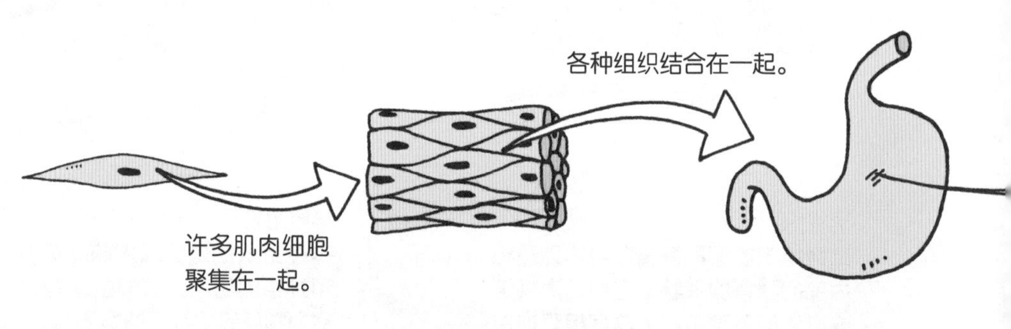

食物中的养分。我们把这些从事相同工作的器官集合称为**系统**。人体内有消化系统、呼吸系统、循环系统、排泄系统等各种系统。这些系统聚集在一起，最终形成了人的身体。

人类的身体从简单的细胞开始，按照组织、器官、系统的顺序一步一步地逐渐组成复杂的结构。

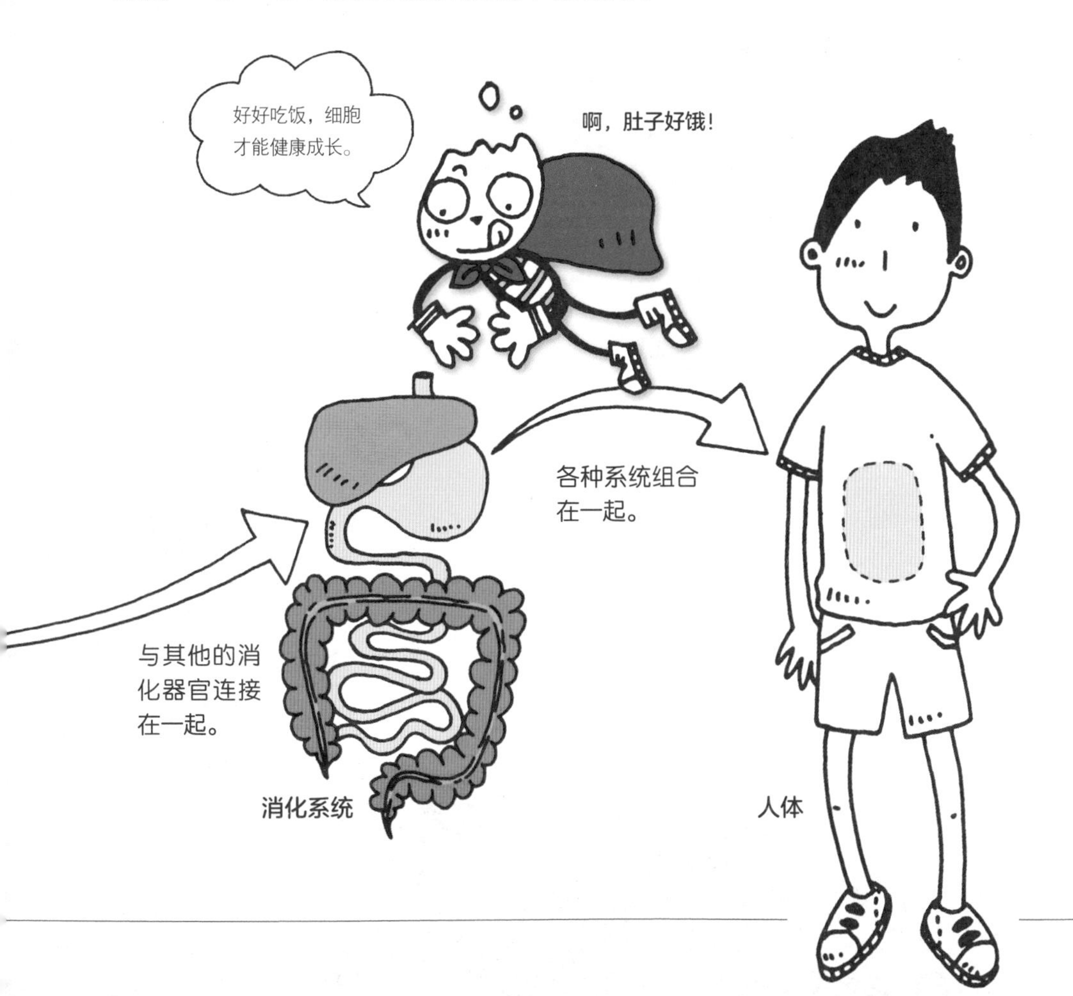

刊登在植物学会杂志上的开花豌豆的图片和基因遗传规律发现者孟德尔逝世100周年德国邮票（1984）。

基因是什么？

基因构建出生物的身体，并努力维持身体的健康。
基因还能够让生物繁殖出与自己相似的后代，
同时还要帮助生物适应环境。
基因做了这么多的工作，那么它究竟是什么呢？

盛装基因的器皿——DNA

现在我来带你参观一下我所居住的细胞核。细胞核也像细胞一样被一层膜包裹着，内部也被液体填满。在细胞核内到处都散落着像丝线一样的**染色质**，染色质的意思就是一种很容易被染上颜色的线。人们在观察细胞的时候，为了便于查看就会给细胞染上颜色，由于这些散落在细胞核内的丝线很容易被染色，所以大家就给它起了这个名字。染色质非常细，用一般的显微镜很难观察到它，只有在电子显微镜这样的高分辨率仪器下才能看清它的样子。

当我们用电子显微镜将染色质放大之后观察，就能够看到在染色质内部到处都是缠绕在“绕线板”上的丝线。这些起到“绕线板”作用的物质就是蛋白质，那些长得像丝线一样的物质就是**脱氧核糖核酸（DNA）**。染色质主要由 DNA 和蛋白质组成，

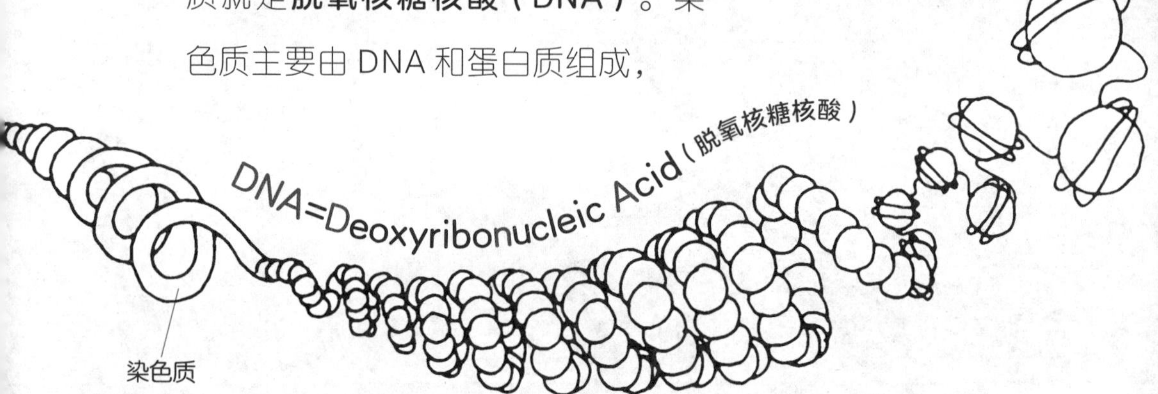

我就住在 DNA 的内部。

基因并不是一种物质，它是生物构建身体时所需要的设计图。

更简单地说，我们基因就像电脑中的程序，而 DNA 就像电脑中装载和存储程序的硬盘。

所以如果你想要了解我，就应该先知道 DNA 是什么样的。那么，现在就让我们进入 DNA 的内部看看吧。

虽然 DNA 看起来像一根丝线，但如果我们将它放大以后就会发现，它其实是两根像麻花一样缠绕在一起的线。如果我们把缠绕在一起的 DNA 解开，会变成什么样子呢？没想到它竟然是梯子的形状，这两条线像梯子一样连接在一起。所以大家就叫它们**双螺旋**。

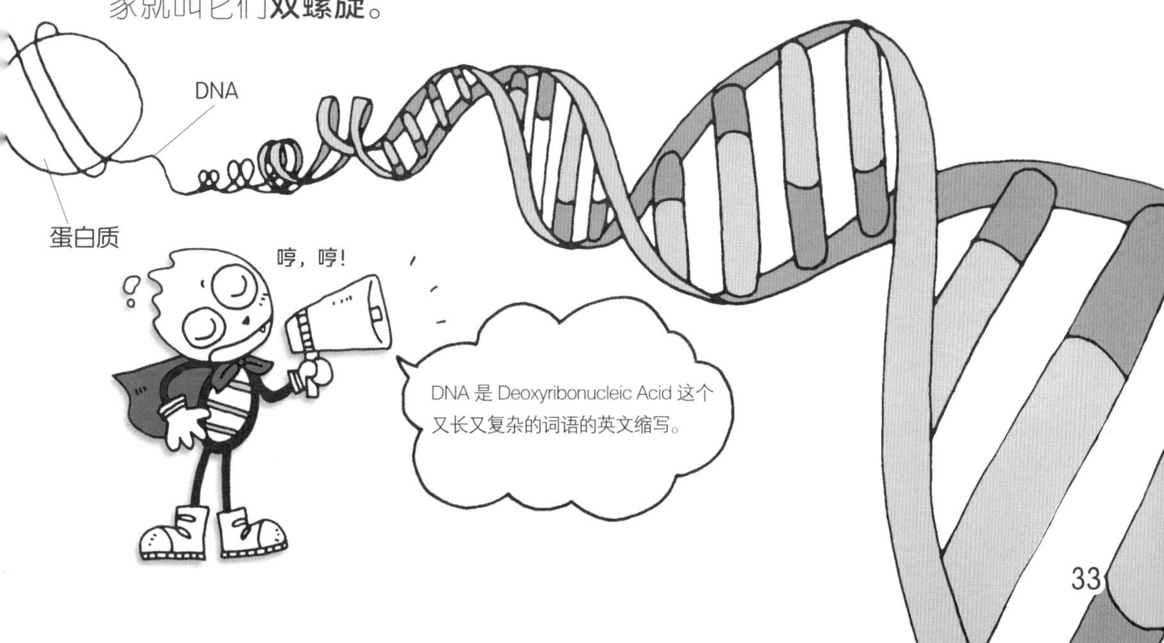

多亏了我，你才能够这么轻松了解 DNA 的知识，但是科学家可是用了很长时间，花费了不少力气才研究出这些结果的。DNA 非常小，人们没法直接用肉眼观察它们，科学家花费了 60 年左右的时间才解开了 DNA 结构的谜题。这个秘密是在 1953 年由沃森和克里克两位科学家揭开的。他们反复地组装尝试做出 DNA 的模型，当时大家已经知道 DNA 是由脱氧核糖、磷酸和碱基所组成的。换句话说它就像一个“拼图”，当这两位科学家拼好这幅“拼图”之后，他们四处高喊着“我们解开了生命的秘密！”。

豌豆的颜色
黄色
草绿色
豌豆的形状
圆形
皱巴巴的外形
豆荚的颜色
草绿色
黄色
豆荚的形状
表面光滑
表面凹凸不平
花的颜色
紫色
白色
花的位置
茎干的侧面
茎干的顶端
茎干的长度
较长
较短
豌豆的特征
豌豆的种类不同，它们的特点也不相同，如果把茎干较长的豌豆和茎干较短的豌豆杂交会怎么样呢？
如果我把长茎的豌豆和短茎的豌豆杂交，是不是能够长出茎干是中等长度的豌豆呢？现在我要亲自确认一下。
长茎干
短茎干
中等长度茎干
长茎干
这两种特征各取一半混合在一起，不是应该长出中等长度的茎干吗，为什么只长出长茎干的豌豆呢？新的豌豆只继承了一方的特征，原因是什么呢？

这样看来，应该是有一种特殊的物质会影响遗传，我还需要种植更多的豌豆来进行实验。

紫色的花
103、104……
气喘吁吁。
黄色的豌豆
78、79……

孟德尔的实验持续了 8 年之久。
嗯，豌豆的遗传是有一定规律的啊。

1865 年 2 月，孟德尔在布吕恩自然科学研究协会的定期聚会上报告了自己的研究结果。
我利用豌豆进行实验所得出的结果是，生物遗传遵循三个规律。
闹哄哄！
闹哄哄！

1. 显性法则与隐性法则
生物的特征有显性和隐性之分，显性就是生物外部表现出来的特征，隐性就是隐藏在生物内部的特征。
隐性
显性

2. 分离定律
显性性状和隐性性状都是成对存在的，它们在传递给子孙的时候产生了分离的现象。
YY–yy
Yy
隐性
显性

3. 独立分配定律
拥有不同特性的遗传物质，相互之间都是独立行动的。
圆形
黄色

这些规律出现的原因都是由生物特性的本质所决定的，它的本质就是遗传物质。
简直是胡说八道！
他又不是生物学家，一个修道士懂什么。

遗憾的是，在当时并没有人对孟德尔的研究结果感兴趣。

孟德尔的论文逐渐被人们所遗忘，孟德尔就这样在 1884 年 1 月默默无闻地去世了。
一定存在遗传物质！
孟德尔
1884 年

我们的实验结果和孟德尔的论文中所证明的结果一模一样，孟德尔提出的遗传规律是真实存在的。
1900 年，《德国植物学会杂志》上刊登了三篇与孟德尔的研究结果相似的论文。
孟德尔说的都是真的呢。
看来真的有遗传物质存在啊。
这个遗传物质到底是什么？需要研究一下。
基因在染色质的内部。
1915 年，美国遗传学家摩尔根利用果蝇进行研究，研究结果证明，染色质与遗传有关。
基因存在于染色质之中，染色质由蛋白质和 DNA 组成……
虽然 DNA 只有一种，但是蛋白质的种类多达数千种，所以蛋白质当然也算遗传物质。
DNA 也有可能是遗传物质吧?
我也认为蛋白质是遗传物质。
不管怎么说，DNA 都好像是在传递遗传信息。
1928 年，英国微生物学家格里菲斯……
我确信蛋白质能够传递遗传信息。
哎哟，像 DNA 这样简单的物质怎么可能会进行遗传?
是啊，简直是胡说八道!
我们的研究结果也和格里菲斯所说的一样，我们认为 DNA 是遗传物质。
赫尔希
艾弗里

虽然已经不断有证据显示 DNA 是遗传物质，但是科学家仍旧无法相信 DNA 能够承担遗传的任务。
DNA 既像是遗传物质，又不太像遗传物质。
就是啊，我真的有点搞不清楚了。

在这期间，有越来越多的科学家加入了研究 DNA 结构的队伍。
DNA 到底有什么秘密呢?
如果我能够研究出 DNA 的结构，那么一切秘密就都能解开了。
我实在是太好奇了。

1952 年在英国伦敦国王学院进行实验的富兰克林取得了一个决定性的研究结果，那就是她利用 X 光拍摄到了 DNA 的照片。
照片内的物质看起来像螺旋一样……不对，可能是因为图像太过模糊了吧。
富兰克林

我还需要更加清晰的照片。
呀，真是个自以为是的人。
威尔金斯

英国剑桥大学卡文迪许实验室的沃森找到了威尔金斯。
听说你们实验室拍摄到了 DNA 的照片? 能给我看一下吗?
我也不清楚，是富兰克林拍到的。
沃森

3
1
17
18
6
15
10

这就是你说的 DNA 的照片。
真是太感谢你了。

1953 年 4 月 25 日，沃森、克里克，以及威尔金斯联合署名在《自然》杂志上发表了一篇关于 DNA 双螺旋结构的论文。

继孟德尔之后，无数的科学家为了查明 DNA 的真实身份而努力着，在孟德尔去世 70 多年后，人们才发现孟德尔所说的都是事实。

密码——碱基序列

DNA 由无数的脱氧核糖、磷酸、碱基分子所组成，虽然脱氧核糖和磷酸只有一个种类，但是**碱基**分为腺嘌呤 (A)、鸟嘌呤 (G)、胞嘧啶 (C)、胸腺嘧啶 (T) 四种。这些词你都是第一次听说吧，是不是觉得很难？如果能够对它们进行详细的说明就再好不过了，但是由于它们全部都是化学物质，讲解起来十分复杂，所以你只要明白有这些物质存在就可以了。

脱氧核糖、磷酸、碱基就像一个组合。例如碱基就像组合中的躯干，脱氧核糖就像腿，磷酸则像胳膊。磷酸和脱氧核糖相结合就形成了 DNA “梯子”的骨架，就像我们可以用胳膊抱住对方的腿，帮助他站得更稳一样。碱基与其他碱基结合在一起就形成了“梯子”的横杆。

碱基两两之间是按照约定配成对的“小伙伴”，腺嘌呤 (A) 和胸腺嘧啶 (T) 是小伙伴，鸟嘌呤 (G) 和胞嘧啶 (C) 是小伙伴。

这个规则非常重要，在 DNA 的双螺旋中，如果我们了解了一条碱基链的顺序，就能够知道另一条碱基链的顺序。如果这个 DNA 一侧的碱基的顺序是 A–A–G–G，它另一侧碱基的顺序就很明显了，一定是 T–T–C–C。

你还是不太明白吗？那么我们试着来做一个 DNA 模型吧！

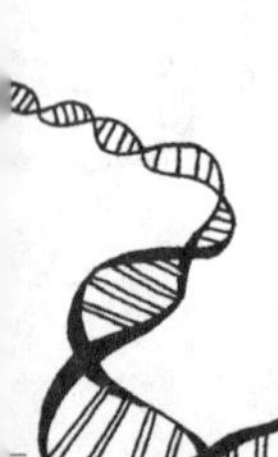

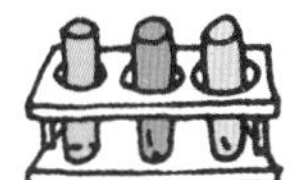

制作 DNA 模型

等一等！在使用刀子的时候一定要格外小心。

准备物品：

6 种颜色（红色、黄色、蓝色、绿色、橙色、粉色）的儿童玩具海绵棒、胶水、刀。

实验步骤：

①首先将粉色的儿童玩具海绵棒切成 3 厘米的小段，再将它们从中间切开，制作出 40 根半圆形的海绵柱。然后用同样的方法制作 40 根橙色的半圆形海绵柱。

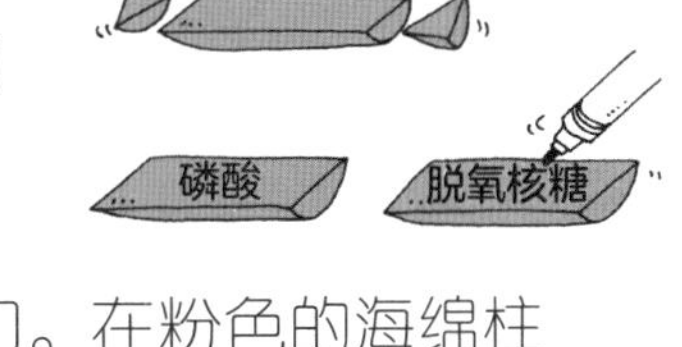

②斜着在半圆形海绵柱的两端各切一刀。在粉色的海绵柱上写上“磷酸”，橙色的海绵柱上写上“脱氧核糖”。

③接下来我们要用其他颜色的海绵柱来制作四种碱基。需要两种颜色（红色，黄色）的长海绵柱，和两种颜色（蓝色，绿色）的短海绵柱，每种颜色的海绵柱各做 10 根。长的海绵柱代表腺嘌呤 (A) 和鸟嘌呤 (G)，短的海绵柱代表胞嘧啶 (C) 和胸腺嘧啶 (T)。

④ 现在用胶水把代表碱基的海绵柱互相连接起来，一共需要做 20 对。把 A(红色) 和 T(蓝色) 连接在一起，再把 G(黄色) 和 C(绿色) 连接在一起。

⑤ 把代表脱氧核糖的海绵柱贴在每对碱基的两端，再将代表磷酸的海绵柱贴在脱氧核糖的旁边。

⑥ 按照脱氧核糖、磷酸、脱氧核糖、磷酸的顺序将它们连接在一起。这时候要注意将我们斜着切过的部分按照"一"字形排列整齐。

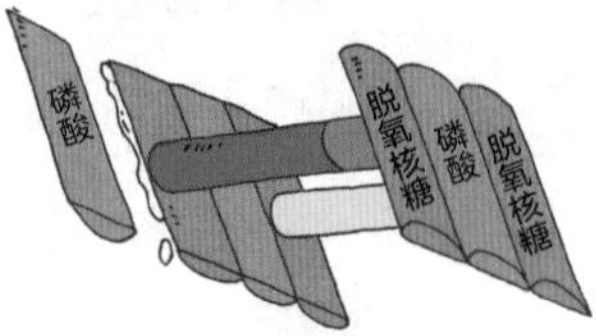

⑦ 用同样的方法将所有碱基对连接在一起，碱基对的顺序按照你的喜好摆放就可以了。

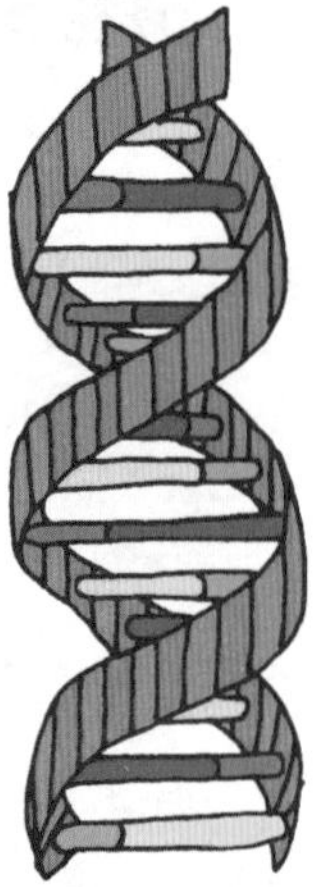

实验结果：

DNA 模型就制作完成了！如果你正确地将碱基、脱氧核糖、磷酸连接在一起了，做好的 DNA"梯子"就会是螺旋一样扭曲的形状。

为什么会产生这样的结果呢？

脱氧核糖和磷酸连接在一起，碱基和与它配对的碱基连接在一起，然后合并组成了 DNA。腺嘌呤 (A) 和胸腺嘧啶 (T) 结合的碱基对与胞嘧啶 (C) 和鸟嘌呤 (G) 结合的碱基对的长短是相同的。所以无论怎样，模型总的宽度是相同的。当我们将两端斜切过一刀的脱氧核糖、磷酸与 20 对碱基连接在一起的时候，所组成的 DNA 链就会向一个方向旋转，也就是 DNA 螺旋产生的扭曲。

现在有一个问题出现了！在 DNA 中最重要的是什么？是碱基吗？叮咚，答对了！就是碱基。四种碱基排列的顺序叫作**碱基序列**，在碱基序列中藏着一个密码。现在我就来告诉你碱基序列是如何形成这个密码的。我们先来假设碱基是按腺嘌呤 (A)– 胸腺嘧啶 (T)– 鸟嘌呤 (G)– 胞嘧啶 (C)– 腺嘌呤 (A)– 胸腺嘧啶 (T) 的顺序排列的，那么简单地写，它们的顺序就是 ATGCAT。现在我们就来破解这个密码吧。密码就是将碱基 3 个为 1 组读出来，就像是 ATG、CAT 这样就行了。

这里的每一个密码都是由一个氨基酸所下达的命令。氨基

酸是构成蛋白质的基本单位，有 20 种不同的氨基酸类型。随着氨基酸不断连接在一起，蛋白质也由此产生。连接在一起的氨基酸类型不同，所形成的蛋白质也不同。最终形成的碱基序列，能够帮助人们了解是什么氨基酸用什么顺序所连接的。碱基序列不同，所形成的密码就不同，所以结合起来的氨基酸不同，最终形成的蛋白质也不同。

不过，并不是所有 DNA 的碱基序列都能够产生蛋白质，人类的 DNA 里所含有的碱基序列中，只有大约 2% 能够发出制造蛋白质的指令。也就是说，在 100 个碱基序列中，只有两个能制造出蛋白质。那么剩下的碱基序列呢？其中有调节其他基因活动的碱基序列，也有什么事都不做的碱基序列。

现在你的脑子里是不是很混乱？是不是连我们基因究竟是什么都弄不明白了？

基因是构建身体所需要的设计图。更准确地说，基因是制造蛋白质的设计图。

也就是说，在 DNA 的众多碱基序列中，能够下达制作蛋白质命令的特殊碱基序列就是我们基因。

基因分布在 DNA 的各个角落，就像是安装在电脑内的程序一样，在 DNA 中随处可见我们基因的身影。

持续工作的基因

我们基因是构建身体的设计图，又被称为制造蛋白质的设计图。什么？我又把你给弄糊涂了？来，听我好好地跟你解释一下。

我们制造了生物的身体，但并不是像神灯里的精灵一样嘭的一下子就变出来的，而是通过我们有条不紊地工作得来的，这个工作就是制造蛋白质。我们基因各自制造着不同的蛋白质，人类的身体中有约 25 000 个基因在工作着。所以它们能够制造出 10 万种不同的蛋白质。

蛋白质是构成身体的重要组成部分，就连你们的头发和肌肉大部分也是由蛋白质组成的。另外，在人体中有能够加速体内化学反应或阻止化学反应产生的蛋白质，也有能够调节我们基因活动的蛋白质。

我们的工作都是根据指令完成的，指令中需要哪个部位“运动”起来，我们就会制造出从事那项工作的蛋白质。你问我也制造蛋白质吗？当然了。我，金灵，根据接收到的指令制造出来的是控制你说话的蛋白质。

人体大约由70万亿个细胞所组成。有神经细胞、皮肤细胞、

这都是我们制造出
来的蛋白质工人。
忙得晕头转向！
我是酶蛋白，我负责
调节你身体中所产生
的各种反应。
我是激素，大多是蛋白
质，我负责把信息传递
到身体的各个部位。
我是载体蛋白，我负
责运输氧气和其他各
种物质。
我是结构蛋白，我负责制
造组成身体的皮肤、骨头、
指甲、头发等。
我是抗体，是蛋白质，
我负责和那些进入身
体的病菌战斗。

肝脏细胞等，细胞的种类大约有 210 种，每个细胞所做的工作也不同，细胞的种类不同并不意味着细胞内的基因不同。

同一个人体内每个细胞中所含有的基因都是一样的。

但是，为什么每个细胞所做的事情都不一样呢？这是因为在细胞中，每个基因的工作是不同的。有的基因能够在所有的细胞中都坚持工作，也有一些基因只在特定的细胞中工作。也就是说，工作基因的种类不同，细胞的种类也会不同。

在每个细胞中苏醒的基因和沉睡的基因都不一样。

那我是怎样的呢？我也存在于所有的细胞中，我既在脑细胞中，也在心脏细胞中。我的工作就是让人们说话，所以我在脑细胞中时就努力工作，但是在心脏细胞中时就只睡觉，其他什么事情都不做。换句话说，我们基因就是规定细胞在什么时候做什么工作。

在基因里，那些在维持生命的工作中起到重要作用的基因需要一刻不停地工作。

所以你的身体所做的很多事情，看起来就像是身体自动会做的，比如你吃东西、拉屁屁，但这其实都是我们基因的功劳。你觉得我自以为是？听完我的讲述你就会改变想法的。

当食物进入你嘴巴时，舌头上的细胞把这个信号传递给你的大脑。大脑在收到这个信号后就会向肌肉细胞发送信号，这时下巴上的肌肉就会控制下巴咀嚼食物。另外，脖子和食道的肌肉也会运动起来使你能够吞咽食物，胃和肠道上的肌肉使你能够将食物“研磨”得更碎。与此同时，大脑还会发出信号，要求胃细胞分泌出消化液。

这些事情好像都是身体自己做的？哪儿的话！那可都是因为我们基因在工作，是我们基因不停地向细胞下达命令，制造出必要的蛋白质，全靠这些蛋白质在你身体的各个角落努力工作。

你问我如果基因停止工作会怎么样？那么你的身体马上就会出毛病的。就像如果我从现在开始休息不再工作，那么你就没法好好说话，也听不懂别人在说什么。你觉得这不算什么？嗯，那我就来告诉你，如果我的朋友不工作了会怎样吧。

我的一个朋友在你的身体里从事分泌胰岛素的工作，**胰岛素**是一种蛋白质类激素，胰岛素的作用是储存你身体用剩下的葡萄糖。你问我葡萄糖是什么？它是身体能量的来源。米饭、面包、糖分解之后都会变成葡萄糖。当你吃了很多糖一类的甜食，你身体里的葡萄糖含量就会变多。此时我的朋友就会分泌出更多的胰岛素。多亏了我朋友，你体内的葡萄糖才能控制在一定的数量内。

如果我的朋友不分泌胰岛素又会怎么样呢？答对了。这样的话你体内的葡萄糖就会变多，这样下去就连你的尿液中都会混合着葡萄糖，这就是**糖尿病**，意思就是尿液中含有糖分的病。如果糖尿病继续恶化，你的肾脏就会损坏，眼睛也会受到损害，你的身体也会一直感觉疲劳。

基因克隆

人体内有很多细胞，每个细胞都有自己的寿命。人类的脑细胞能够活 60 年左右，胃里的细胞却只能活 2 天左右，皮肤细胞大概能活 14 天到 28 天，这说明细胞总有一天会死亡。那些寿命还没有结束的细胞也会因为事故而死亡，当你在游乐场玩耍时不小心摔倒，胳膊被划伤，那么你除了会受伤，皮肤上的细胞也会因此死掉。

细胞死掉了该怎么办呢？当然是要制造新的细胞了。在你的身体里，每天都会因为这样那样的事情，引起或多或少的细胞死亡，然后身体又会产生新的细胞。新的细胞是由原来的细胞分裂而形成的，也就是说，一个细胞变成了两个细胞。当你摔倒受伤的时候，伤口周围的细胞会不断地分裂，细胞的数量就会增加，这些细胞会填补伤口。再过一周的时间，新的细胞就会整整齐齐地将伤口填补起来，但还是会留下疤痕。细胞像

这样分裂而产生新细胞的现象就叫作**细胞分裂**。

细胞分裂不是一件简单的事情，不像切年糕一样一刀下去就能够分成两半。分裂的细胞如果想要活下来就必须依靠我们基因。想要成功地将一个细胞分为两个成活的细胞，就必须将我们基因也平分到细胞的两侧。那么该怎样保证每一侧的细胞中都拥有大约 25 000 个相同的基因呢？给你一点提示。比如你用电脑制作了一个非常棒的视频文件，你的朋友看过之后让你在他的电脑里也做一个。这时候你该怎么办呢？没错，复制一个给他就可以了。这样一来，本来在一台电脑内的文件，不就转移到两台电脑中了。

没错，我们基因也是这样进行复制的。在生物中，我们用**“克隆”**这个词来指“复制”。我们会首先将一个细胞中的所有基因都克隆下来，这样一来基因的数量就会增加到大约 5 万个。把这些基因分成两半，然后分别放在细胞的两侧，接着将细胞从中间分开。噔噔噔！我们就拥有了两个含有大约 25 000 个基因的细胞。

但是基因是怎么进行克隆的呢？嗯，还记得我们基因住在什么地方吗？对，我们基因生活在 DNA 的内部。DNA 就像麻花一样两条链扭在一起。好，现在，让我们将这一条 DNA 的双螺旋从中间解开怎么样？就像你们拉开衣服的拉链一样，原本连接在一起的碱基对断裂开，双螺旋就会变成单独的两条了，对吧？接下来，我们把这两个单条的碱基重新变成双螺旋的形状。在细胞核的内部到处都漂浮着碱基，我们将这些碱基收集起来连接在单条碱基上，这个单条碱基就会重新变回双螺旋的结构。如果我们用同样的方法给另一侧的单条碱基也连接上碱基的话，就会得到和原来的 DNA 一样的两个双螺旋 DNA。这样一来克隆就完成了！

DNA 克隆的过程

①DNA 的双螺旋被解开后，形成了两条单链。

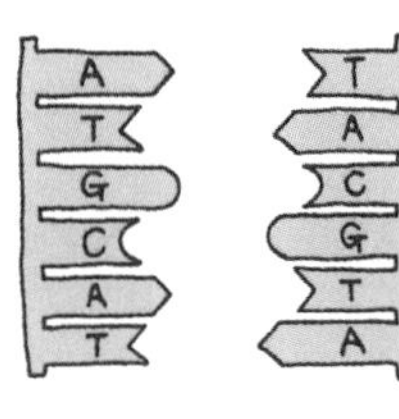

② 如果一根单股碱基的顺序是 A-T-G-C-A-T，那么另一股碱基的顺序就是 T-A-C-G-T-A。

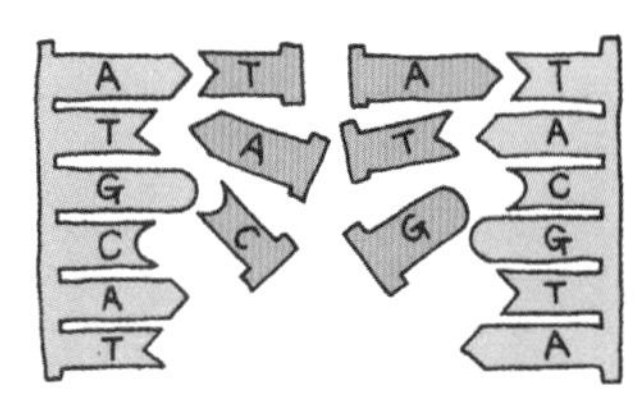

③ 给单股碱基连接上与它相对应的碱基就可以形成新的碱基对。

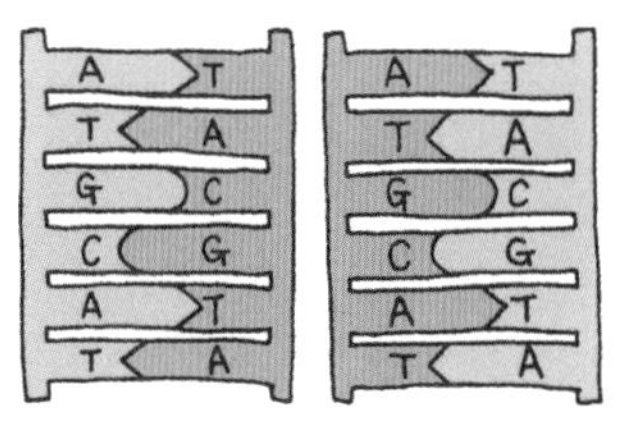

④ 克隆结束之后，就会出现两个双螺旋 DNA。

DNA 卷曲的染色体

DNA 就像线一样又细又长，人类一个细胞中的 DNA 大约是由 30 亿个碱基对组成，如果将它们排成一排，长度能够达到 2 米。DNA 的宽度为 2 纳米（nm），1 纳米是 0.000 001 毫米，这样你就能明白它大概有多宽了吧？

DNA 这么细这么长，如果我们在解开双螺旋的时候把它弄断了怎么办？如果它们缠在一起又怎么办？别担心，我们是谁啊，为了应对这些问题，我们基因全都做好了准备。我们可以把 DNA 绕起来。你还记得我前面说过，DNA 和蛋白质缠绕形成了染色质吗？

在通常情况下染色质都是丝线状的，但是在细胞分裂的时候，它们的形状就会发生改变。就像制作线团一样，拧成一股又一股像棍子一样又粗又长的形状，这样一来它们就不容易被弄断了。大家把这种染色质所拧成的“线团”叫作**染色体**。染

色体比染色质大，所以用一般的显微镜就能观察到。

人体内有 23 对染色体，也就是 46 个。

因为染色体的形状是两两相同的，所以我们才说有 23 对染色体。事实上其中 22 对染色体的形状几乎是一模一样的，只有一对染色体的形状有所不同。人们称这两个染色体为 X 染色体和 Y 染色体。这两个染色体的工作就是决定大家是男性还是女性，所以人们也称它们为**性染色体**。拥有两个 X 染色体的是女性，有一个 X 染色体和一个 Y 染色体的就是男性。除此之外，其余的染色体我们叫它们**常染色体**。

常染色体都没有名字吗？它们没有特殊的名称。只是按照大小分别称它们为 1 号染色体、2 号染色体……22 号染色体。由于染色体都是一对一对标记的，所以标号到 22 号就截止了。

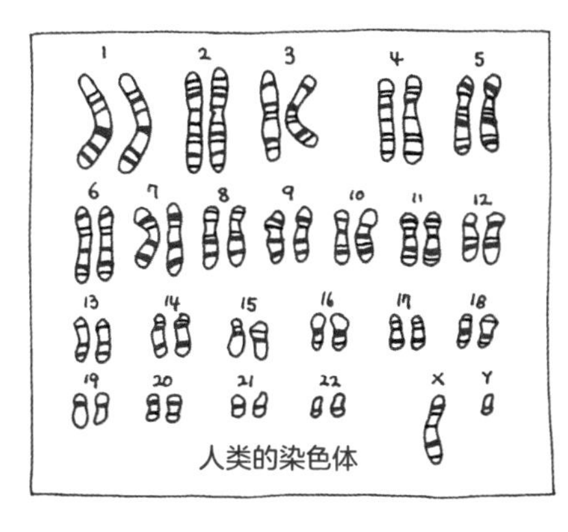

人类的染色体

也就是说，我们在说 1 号染色体时说的其实是两个染色体，说 2 号染色体时说的也是两个。

我之前说过人体内大约有 25 000 个基因吧？也就是说有制

造眼睛的基因，也有制造鼻子的基因，还有制造大脑的基因。这 25 000 个基因就散落在 23 对染色体上。

体形最大的 1 号染色体含有的基因最多，Y 染色体的体形比其他染色体都小，所以它体内的基因也是最少的。你问我住在几号里？我住在 7 号染色体里。

有基因含量很多的染色体，也有基因含量较少的染色体。

为什么染色体都是一对一对的呢？成对的染色体很相似，它们之间虽然有一些细微的差别，但几乎是一模一样的。“一模一样”的意思是，一对染色体的两个染色单体拥有相同的基因。1 号染色体内大约含有 4 200 个基因，所以成对的 1 号染色体的两个染色单体中都含有 4 200 个基因。

就像你们打电子游戏或者听音乐用到的光盘一样，如果有两张同样的光盘会更方便对吧？当一张光盘使用次数太多，光盘损坏太严重没法使用的时候，就可以使用另一张光盘。这么一说你就该明白为什么染色体都是一对一对的了吧？

有两副相同的基因是有好处的，如果一个基因在工作的过程中被破坏的话，那么这一对基因中的另一个就可以代替它工作。如果我受伤了你就没法说话了，这样一来就要出大事了吧？幸好还有与我配对的基因在代替我工作，所以你仍然能继续说话。另外，在需要制造很多很多蛋白质的时候，成对的基因也会一起工作。

但是成对的染色体也有不好的地方。想象一下，如果你的电脑上有两个一模一样的文件，电脑的速度就会变慢，管理起来也会很困难吧？细胞也是如此。

不过比起这些缺点，它们的优点更多，所以还是有两个更好。比如说，你的电脑突然出了故障没法使用了，想象一下，你明天要交到学校的作业之类的非常重要的文件都不见了，所以这些东西最好都要做个备份。细胞也是这样。如果克隆或者制造蛋白质所需要的非常重要的基因被破坏了会怎样呢？如果是那样的话细胞就会死掉。

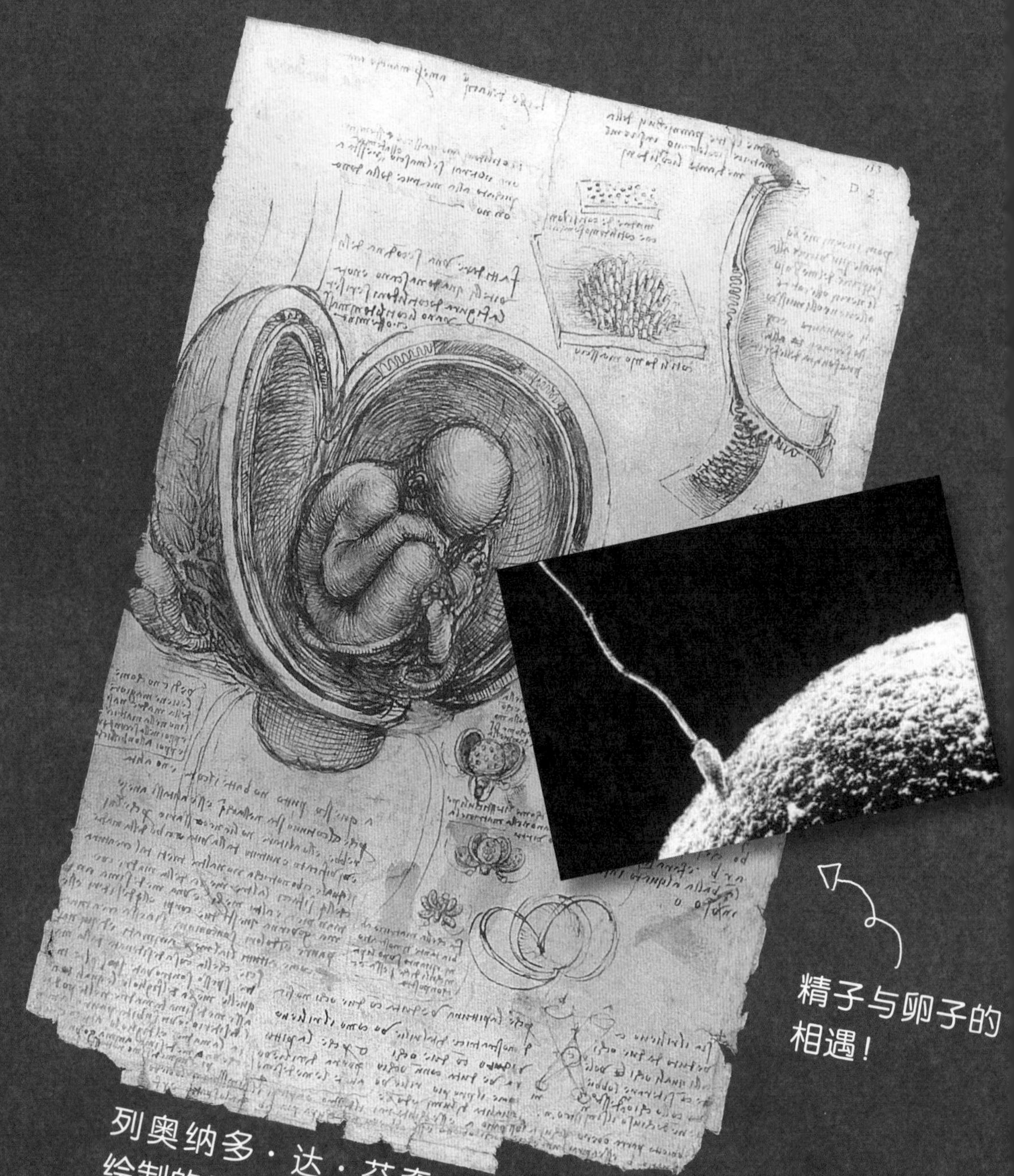

精子与卵子的相遇！

列奥纳多·达·芬奇绘制的子宫素描。

遗传是如何实现的？

遗传就是将自己的基因传给下一代。
遗传是由细胞分裂再分裂，
然后制造出卵子和精子这样新的细胞开始的。
卵子和精子细胞是形成下一代的出发点。
但是为什么要制造卵子和精子细胞呢？

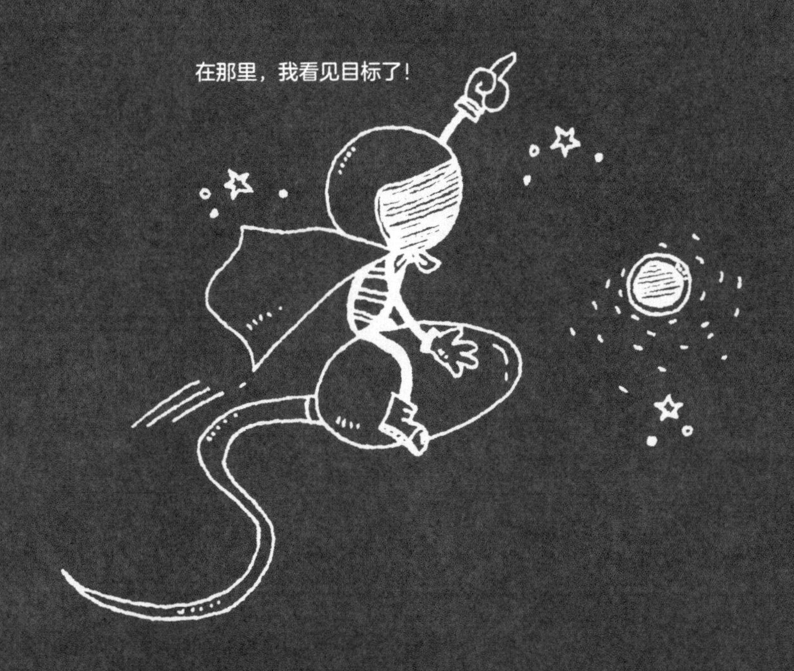

生殖细胞是“宇宙飞船”

我们基因不仅会制造生物的身体，我们还可以帮助它们延续子孙后代。想想看，人生人，老虎生老虎，大熊猫又生下了大熊猫。这不是很正常的吗？这些看起来理所当然的事情其实是托了我们基因的福。我再详细一点解释给你听吧。

在过去的5亿多年的时间里，我们都在使用把卵子和精子结合在一起制作出受精卵的方法延续子孙。卵子和精子是什么呢？

人体是由各种细胞组成的，脑细胞、肌肉细胞、肝脏细胞等，它们都为了维持你的健康认认真真做着自己负责的工作。像这样维持身体运行的细胞叫作**体细胞**，人体内除了体细胞还有另一种细胞。这种细胞平时什么事都不做，它们只负责延续子孙的工作，这种细胞就叫作

生殖细胞。换句话说，它们就是为人类增加子孙后代的细胞。

女性的生殖细胞是**卵子**，男性的生殖细胞是**精子**。卵子长得像一个圆球一样。精子比卵子小很多，它还长着一条长尾巴，看起来像一只小蝌蚪。精子会摇动尾巴向前移动，游到卵子所在的地方，然后在卵子的细胞膜上钻一个小孔嗖的一下钻进里面去，这个过程就叫作受精。**受精**就是卵子和精子合二为一的意思，所以和精子结合后的卵子就叫作**受精卵**。受精卵会发生各种变化，细胞不断地分裂，逐渐形成身体的各种器官，就这样一点一点地形成人的模样。然后呢？然后小宝宝就出生了。

生物体内发生的各种事情不是自动发生的，它们都是按照我们基因的指令进行的，卵子和精子是按照我们的需要制造出来的。哪里需要呢？这是我们基因能够世代生存延续下去的必要条件。如果我们不制造卵子和精子会怎么样呢？如果这样的话，我们在很久以前就已经消失了。如果老虎不生下小老虎，这个种群就会灭绝，大熊猫也一样。我们基因想要继续生存下去，就需要转移到子孙的身体上。这样的话是不是就需要精子和卵子了？没错，就是这样！

精子和卵子就像我们为了转移到下一代身上而制造的"宇宙飞船"。精子和卵子的内部就含有我们基因。精子里面有爸爸的基因，卵子中有妈妈的基因，你长得像爸爸妈妈也是因为这个原因。你通过基因遗传了爸爸妈妈的特征。所以人只生出人，老虎也只生老虎。

卵子

精子（实际大小比卵子小得多）

卵子和精子结合在一起就形成了受精卵。受精卵的体积非常小，直径只有 0.2 毫米。

受精卵分裂成两个细胞。然后继续分裂成 4 个、8 个、16 个、32 个、64 个……继续分裂。只要 5 天，受精卵就能分裂成 100 多个细胞。

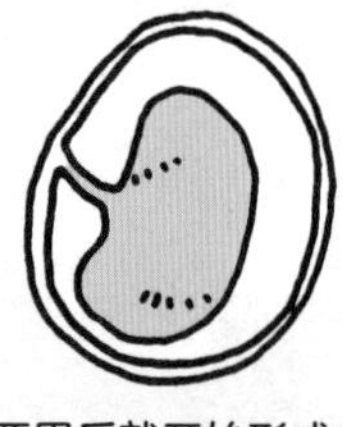

两周后就开始形成身体的各种器官。

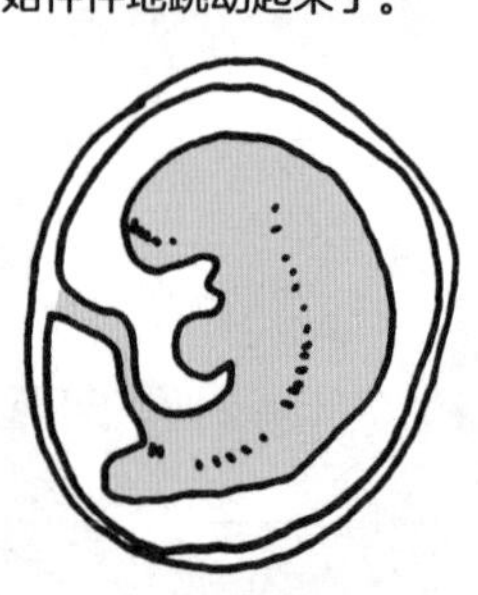

5 周后受精卵就能够长到小拇指指甲盖那么大，将来会生长出心脏的位置也开始怦怦地跳动起来了。

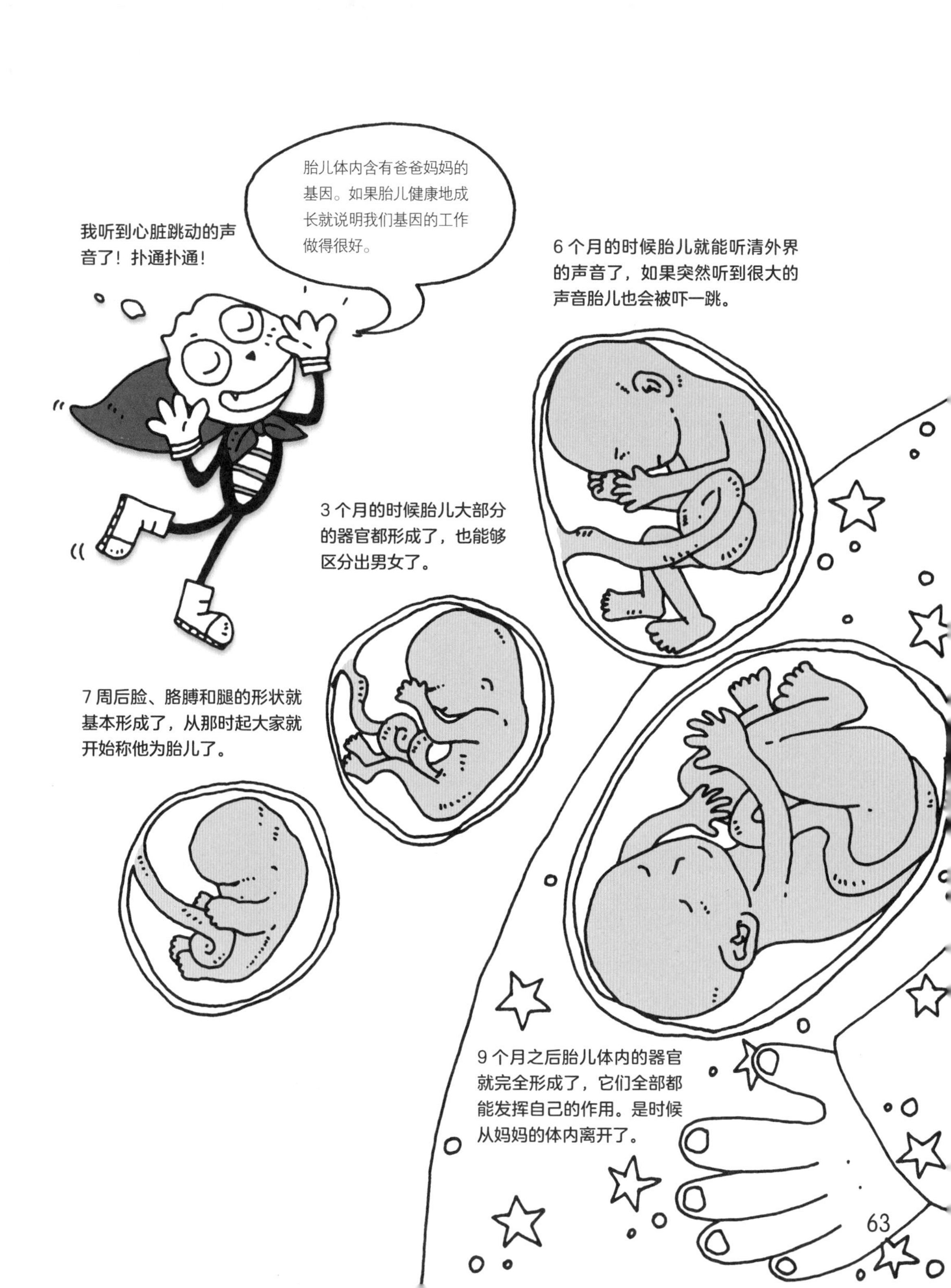
我听到心脏跳动的声音了！扑通扑通！
胎儿体内含有爸爸妈妈的基因。如果胎儿健康地成长就说明我们基因的工作做得很好。
6 个月的时候胎儿就能听清外界的声音了，如果突然听到很大的声音胎儿也会被吓一跳。
3 个月的时候胎儿大部分的器官都形成了，也能够区分出男女了。
7 周后脸、胳膊和腿的形状就基本形成了，从那时起大家就开始称他为胎儿了。
9 个月之后胎儿体内的器官就完全形成了，它们全部都能发挥自己的作用。是时候从妈妈的体内离开了。

把染色体分成两半

我们基因通过制造生殖细胞，延续子孙后代，从而得以生存，生物也得益于我们制造的生殖细胞才能够繁衍子孙。

在这里出现了一个问题！精子和卵子里有多少染色体呢？它们也和其他细胞一样，各自含有 46 个染色体吗？那么受精卵呢？精子和卵子的染色体合并之后不就有 92 个染色体了吗？这样的话，受精卵长大之后不就会变成拥有 92 个染色体的人了吗？

你不觉得有点奇怪吗？之前不是说人体内的染色体数量都

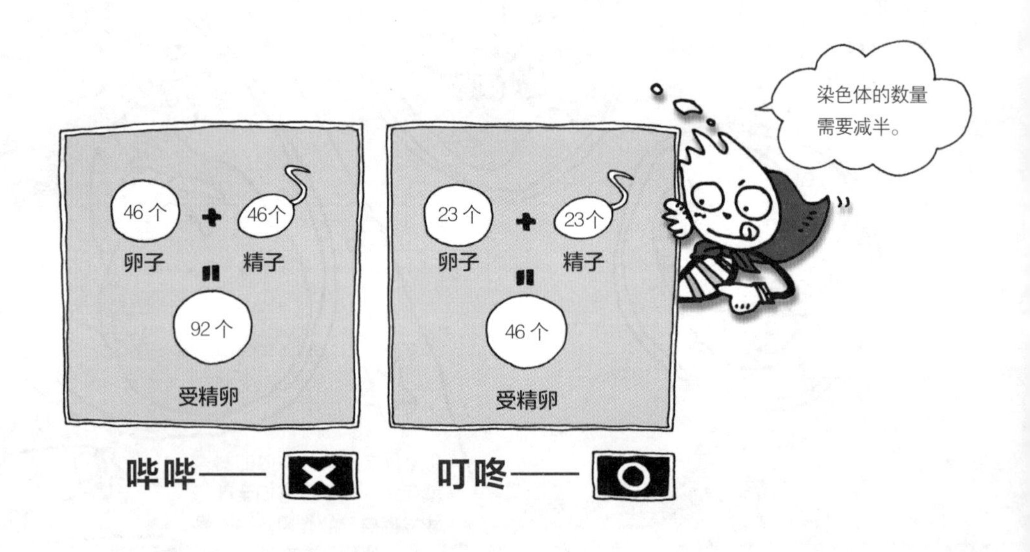

是一样的吗？人体内含有的染色体数量是 46 个。妈妈、爸爸、孩子都拥有 46 个染色体。受精卵长大之后就会变成小宝宝，受精卵和小宝宝一样都拥有 46 个染色体。所以精子和卵子必须含有 23 个染色体，这样它们结合后才能有 46 个染色体。

最终形成的受精卵中的基因有一半遗传自爸爸，还有一半来自妈妈。

但是，怎样才能把染色体的数量减少一半呢？这时我们基因的创造力又一次发挥出来了，我们可以使用特殊的细胞分裂方法。

你身体里的细胞为了制造新细胞会进行分裂，像这样为了制造新的体细胞而产生的分裂被称为**有丝分裂**。而制造生殖细胞的分裂叫作减数分裂，意思就是减少染色体数量的分裂。

减数分裂可以看作是一个细胞连续进行了两次分裂。首先染色体被克隆之后细胞进行了第一次分裂，这时就产生了两个拥有 46 个染色体的细胞。现在进行第二次细胞分裂，这次分裂时不再克隆染色体，而是直接将细胞分裂开来。所以 46 个染色体就被分裂成了两半，此时染色体的数量就会减少一半。

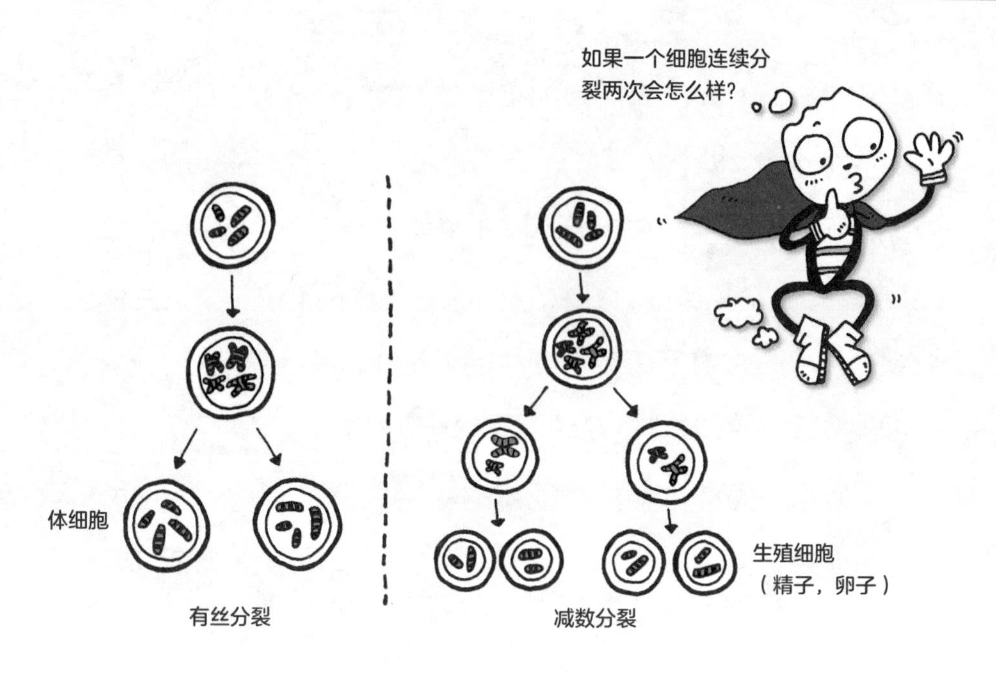

减数分裂是指一个细胞连续分裂两次，产生 4 个染色体数量只有原细胞一半的细胞。

这些经过两次分裂的细胞就会变成卵子或者精子，卵子和精子内各含有 23 个染色体。各自含有 23 个染色体的精子和卵子结合后会怎么样呢？这时染色体的数量会重新变成 46 个。所以受精卵和普通的细胞一样都拥有 46 个染色体。受精卵通过有丝分裂制造出许多拥有 46 个染色体的细胞，大约 10 个月左右，受精卵“制造”出的小宝宝就会出生了。

混合染色体

你有兄弟姐妹吗？有一个弟弟？那他是不是和你长得不一样，性格也不一样？你和弟弟都拥有一半妈妈的染色体和一半爸爸的染色体，但为什么会不一样呢？是哪里有了差异呢？每个人的成长都是从受精卵开始的，但很明显受精卵是各不相同的。所以这些差异应该是在变成受精卵之前产生的吧？那么你和弟弟究竟是从哪里开始变得不一样了？

就是在生殖细胞的染色体数量减半的时候。因为每个生殖细胞内的染色体都是不一样的。为了让大家更容易理解，我们就用海绵棒来演示一下吧。

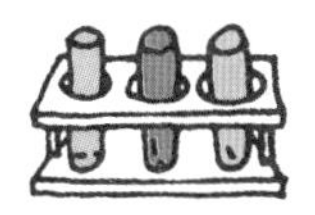

制作受精卵的染色体

准备物品：

4种颜色的儿童玩具海绵棒（红色、粉色、蓝色、天蓝色）、小刀、纸。

实验步骤：

① 首先来制作妈妈的染色体。将红色的海绵棒切成3块，在上面写上1、2、X。用粉色的海绵棒制作出和红色海绵棒一

样长度的妈妈的染色体。

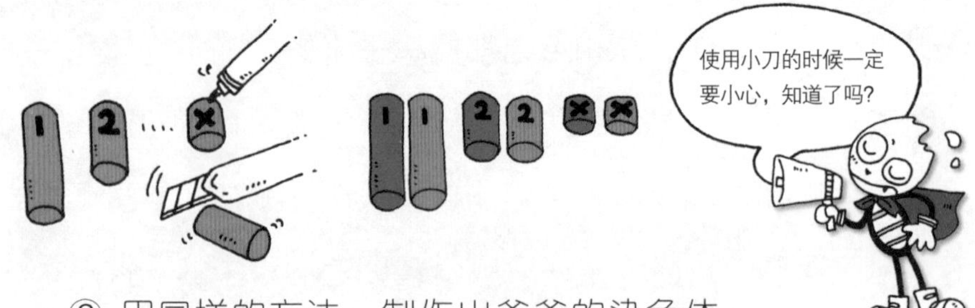

② 用同样的方法，制作出爸爸的染色体。

把蓝色和天蓝色的海绵棒，按照刚刚的方式切开就可以了。这次在第三对海绵棒上分别写上 X 和 Y。

③ 在空白的纸上分别写上“卵子”“精子”“受精卵”。

④ 现在轮到制作生殖细胞了。我们先来制作“卵子”怎么样？从妈妈的染色体中的 1 号红色海绵棒和 1 号粉色海绵棒中，任选一个放在写着“卵子”的纸上。也用同样的方法选出 2 号和 X 号的海绵棒。

⑤ 用同样的方法制作“精子”。

⑥ 将“卵子”和“精子”里的染色体转移到写着“受精卵”

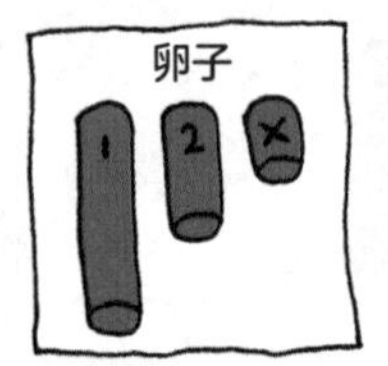

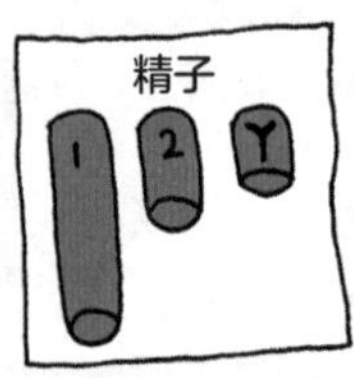

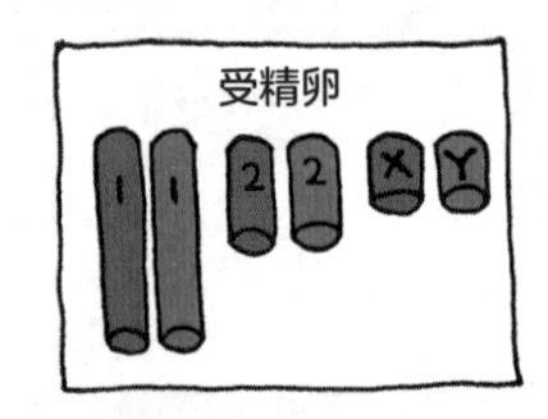

的纸上。如果同一个号码之间配成了对，就完成了一个“受精卵”的制作。

实验结果：

根据你从妈妈的染色体中选出的海绵棒颜色的不同，就会形成不同染色体组合的“卵子”细胞。“精子”细胞也一样。最后根据选择结果的不同，就会形成多种不同染色体的“受精卵”。

为什么会产生这样的结果呢？

现在需要你挑选出三根海绵棒，你可以把妈妈的染色体中，所有的红色海绵棒都选出来；或者把所有的粉色海绵棒都选出来；或者选一根红色，选一根粉色，再随便选一根。这就

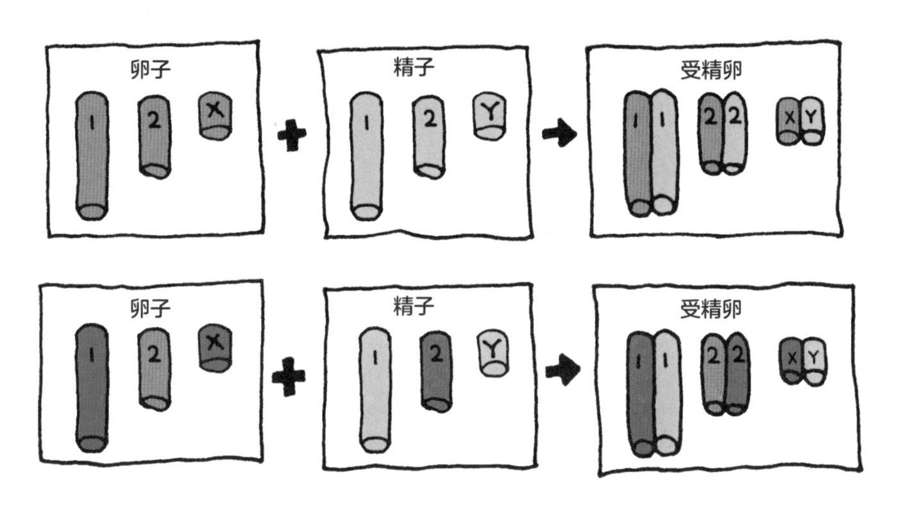

是为什么每个“卵子”中的染色体都有所不同。制作“精子”的时候也是一样，所以最终形成的“受精卵”的染色体，取决于用哪个卵子和哪个精子进行结合。

事实上我们基因在制造卵子和精子的时候，并没有什么特别的区分染色体的标准，只是随意地将成对的染色体分开，就像你在实验中随意地挑选了一根海绵棒一样。一个卵子内，可能拥有的染色体组合的种类大约有 800 万个。也就是说，我们可以制造出有800万种不同染色体的卵子。那精子也是一样，我们基因也可以制造出有 800 万种不同染色体的精子。

所以，就算同样是爸爸和妈妈体内制造出的卵子和精子相遇，也能生产出64万亿种(800万种X800万种)不同的受精卵。也就是说，同一对父母制造出有同样染色体的受精卵的概率是 64 万亿分之一。简直太厉害了吧？所以，一对父母制造出的受精卵染色体也都各不相同。

染色体不同意味着染色体内的基因也不同，所以构建身体的设计图也各不相同。

不同的受精卵最终会长成不同的人。所以你和弟弟一定是不一样的。你现在明白了吧？

采用这种将各自的染色体分成两半，再相互结合的方式就会将父母的基因混合在一起，所以这种方式繁衍的后代都会兼具父母双方的特征。这种方法比个体的基因直接克隆后形成后代的方法更复杂，但获得的好处也更多。如果各种基因混杂在一起的话，就会产生不同基因的多样的生物，这些生物也能够适应不同的生活环境。这样一来，即使环境突然发生变化，也有很多生物能够很好地适应并存活下来。这些生物就能够继续繁衍后代，更长久地延续下去。这一切都是我们基因计划好的，你难道不觉得惊讶吗？

我们全都非常耐寒。
我们也挺得住。
如果这样寒冷的天气持续下去，能够适应寒冷天气的北极熊种群，就都能更好地存活下去，但北极狐的种群就会有一部分死亡。
哎呀，太冷了。我很怕冷。
哪里冷啊，凉凉快快的多舒服。
呜呜，我的朋友们因为没法抵御严寒而冻死了。
北极熊的种群并没有发生变化，但北极狐的数量减少了一半。这时的情况可能对都有相同基因的北极熊更有利。
但是如果不是严寒，而是酷暑袭来又会发生什么呢?
我们都很怕热，再这样热下去的话，我们都会死掉的。
我也受不了了。
我很耐热，天气热了，我的心情也变好了。
哇！现在是我们的天下了！
如果酷暑持续的话，整个北极熊的种群就会全部死亡。而北极狐的种群仍旧有一部分生存下来，只有一部分死去。如果像这样整个种群都拥有相同的基因，当环境突然发生巨大的变化时，就会导致整个种群的灭绝。

强大的基因

按照我们的规划，你的身体里会同时拥有爸爸和妈妈的基因。但是你并不会长得一半像爸爸一半像妈妈，你可能长着和爸爸一样的卷发，头发的颜色又像妈妈，你可能有些地方看起来像爸爸，有些地方看起来像妈妈。

既然你拥有一半爸爸的基因和一半妈妈的基因，为什么长相不是一半和爸爸一样，一半和妈妈一样呢？

那是因为有些基因更强大。就像你头发的颜色和曲直一样，那些决定你特征的基因通常都是成对出现的。有的成对基因几乎是一模一样的，所以它们会对细胞下达相同的命令。但是也有一些成对的基因各不相同。比如说，你既从爸爸那里遗传了卷发的基因，又从妈妈那里遗传了直发的基因，这时你拥有了两种能够决定头发曲直的基因。

但是如果两个基因都向细胞下达命令，因为彼此的命令不相同，细胞就没法正常工作了，所以两个基因里只能有一个基因下达命令。这时，我们基因相互之间会决出优劣，由能力更强大的基因来下达命令。

人们把两种基因中更强大的基因称为显性基因，把其他基因称为隐性基因。换句话说，当两个基因处于竞争关系的时候，能够压制对方基因，并表现出自身特性的基因就叫作**显**

性基因。相反，被对方基因压制住，没办法展现自身特性的基因就叫作**隐性基因**。

如果卷发的基因和直发的基因竞争，卷发的基因成了显性基因，你的头发就会是卷发。

我们基因不仅仅是依靠竞争而决定谁工作，还有其他会影响我们工作的因素，那就是环境。

我们和电脑程序差不多。也就是说，一个受精卵中含有大约 2.5 万个程序。什么时候启动哪个程序，启动多长时间，运行时的活跃程度等，都会根据所处的环境而不同。

即便是同卵双胞胎，也会因为在妈妈肚子里成长情况的不同而产生差异。在孩子出生后是吃母乳长大还是喝奶粉长大，在空气清新的地方成长还是在充满污染的地方成长，根据这些因素的不同我们基因的活动也会有所变化。所以那些拥有相同基因的同卵双胞胎也存在一定的差异。根据这样那样的原因，同样的父母生出的兄弟姐妹也长得各不相同。

基因突变

如果，我是说如果，在制造新的生殖细胞的分裂过程中，在我们基因克隆的时候出错了会怎么样？如果细胞没有正常分裂呢？如果在一个细胞里多加入了一个染色体，或者少放入了一个染色体呢？虽然这些情况非常少见，但实际上这样的事情确实会发生。

可能是染色体上的一部分缺失了，也可能是染色体上夹杂了不属于该位置的碎片，还有可能是染色体的一部分脱落之后，位置颠倒后又重新被连接。另外，还有一种情况是染色体中只有一部分被克隆了，只有被克隆的这部分数量有增加。

像这样在染色体上发生的或大或小的变化叫作**突变**。

染色体发生突变的例子

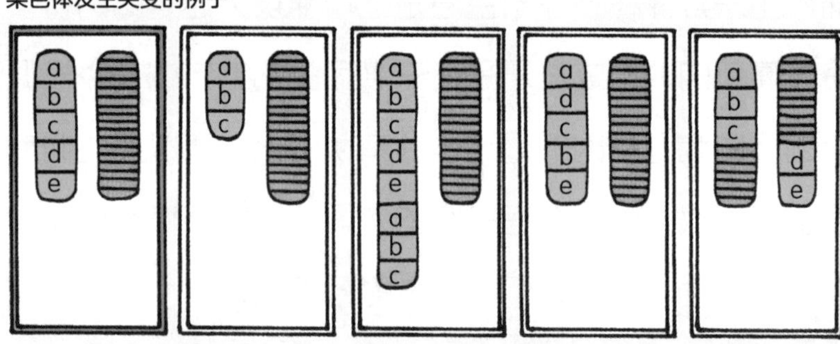

正常的染色体。	染色体缺失，就是染色体的一部分丢失了。	染色体重复，就是染色体的一部分被复制了两次。	染色体易位，就是染色体某一部分的顺序颠倒了。	染色体互换，就是染色体的某一部分相互交换了。

更准确地说，突变就是 DNA 的碱基序列发生了变化。

突变通常会对细胞产生不良的影响，我们基因当然也会发生异常。试想一下，细胞在分裂的时候形成了染色体数量增多或者减少的生殖细胞。那么这个生殖细胞结合成的受精卵内的染色体，也会多于或者少于 46 个。这种受精卵通常在妈妈肚子里时就会死亡然后流产。即使出生了，出现身体障碍的情况也更多。

那么，如果 DNA 的某一部分发生了变化，使我们的基因出现异常又会发生什么呢？这样的话制造蛋白质的“工作”也会出现问题，身体就会因此产生各种各样的病症。如果制造黑色素的基因出现了异常，人的皮肤就会变得很白，如果制造凝固血液物质的基因出现了异常，人就会患上血液不易凝固的疾病。如果我出现了问题会怎么样呢？如果我的碱基序列发生了突变，你可能就没法正常说话了，虽然脑子里想了很多，但是嘴上却没法说出来。

大部分的突变现象都是在克隆基因的过程中发生的偶然状况，也有一些突变是因为外部环境而产生的。

紫外线、放射性物质、致癌物质等破坏了 DNA，也会发生突变。

如果被破坏的 DNA 增多了，我们基因就没法正常工作了，人在这个时候就会患上癌症之类的疾病。

不过突变并不一定全是坏事，突变有时也会对我们基因产生好的影响。如果突变使从事重要工作的基因数量增加一倍会怎么样呢？这种情况下，一部分基因会继续做原来的工作，剩下的基因在发生了一系列这样或那样的变化后，会继续在很久之后的后代身上从事新的工作。从生物发展的历史来看，基因像这样从原来的存在形式，突然改变成另一种新的存在形式的事例也很多。我们基因利用这些突变在漫长的岁月中逐渐发生着变化。

事实上，可以说生活在地球上的所有生物都得益于这些突变。你觉得是我在夸大其词？

哪儿的话！如果没有突变，现在的地球上顶多只有那些最

原始的微生物，或者干脆连那个都没有。都是因为突变才产生了新的基因，形成了新的生物。虽然有一些生物因无法适应环境而灭绝，但也有很多生物适应了环境并且继续繁衍后代。我们基因不仅创造出适应环境的生物，也创造出了不适应环境的生物。在这些生存下来的生物体内，就含有能够更好地适应环境的基因。我们通过这种方式与环境相互作用，逐渐发展壮大。现在生活在地球上的这些生物，在数十亿年间与环境相互作用不断进化，都是我和我的朋友，也就是基因的成果。是不是很厉害？

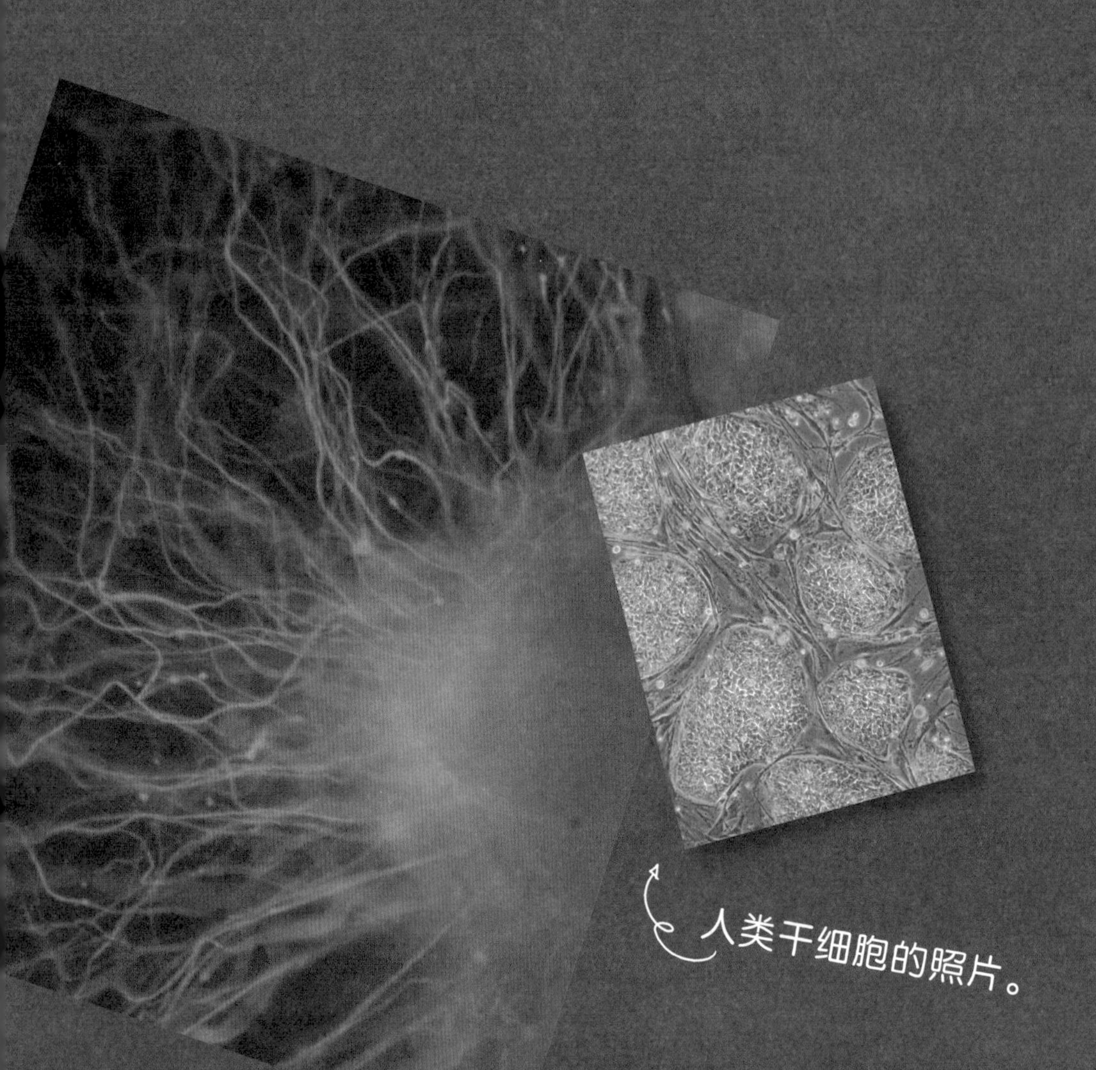

人类干细胞的照片。

为什么要研究基因?

科学家通过对基因的研究，
研制出能够抵御病虫害的新作物，
可以提前发现遗传病，
制定出相应的对策。
但是像这样随心所欲地操纵基因，
真的是好事吗?

基因工程

从地球出现生命的那一刻起，我们基因已经存在了 35 亿年了，但是人类正式研究我们的时间其实只有 70 年左右。1953 年沃森和克里克发现了 DNA 结构后，才开始有许多科学家对我们基因进行研究。

在 DNA 结构被发现后 20 年左右，科学家开发出了可以随意“剪切”和“粘贴”DNA 的技术。这项技术叫作**基因工程**。除此之外，他们还找到了辨别碱基序列的方法。我们基因其实在很久很久以前就开始使用基因工程这项技术了。人类到现在才发现并利用这项我们花费了很长时间开发出来的技术。

科学家利用基因工程研发新的药品，最先研发出的药品是用于治疗糖尿病的重组人胰岛素。科学家把我朋友胰岛素的基因片断放入大肠杆菌的 DNA 中，含有胰岛素基因的大肠杆菌就会制造出人类胰岛素的蛋白质。

大肠杆菌主要生活在人体的大肠内。在合适的条件下大肠杆菌每 20 分钟进行一次细胞分裂，细胞的数量就会增加一倍。1 个增加到 2 个，2 个增加到 4 个，4 个增加到 8 个。如果持续增加下去，一天之内就能填满整个房间，几个月就可以覆盖整个地球。想象一下人类的胰岛素基因像大肠杆菌那样增加，这样我们就能得到很多大肠杆菌制

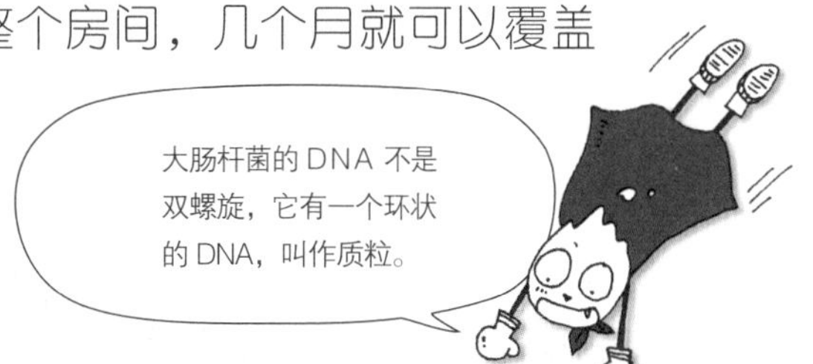

作的胰岛素了。再把那些从大肠杆菌中提取的胰岛素制成药品就行了。多亏了基因工程，糖尿病患者才能使用到更加便宜的胰岛素。在这之后的很多治疗药物，都是用类似的方法制作出来的。现在科学家还在继续利用基因工程技术，研制和开发治疗疾病的新药物。

人类不仅将基因知识运用在医学上，还利用基因知识为农业领域开发出新的作物品种。在犯罪调查中，基因知识也得到了广泛运用。

这是从残留在犯罪现场的血液中提取的 DNA 指纹，它和第二个犯罪嫌疑人的 DNA 指纹一致，所以第二个犯罪嫌疑人就是犯人。

你应该经常在电视上听到“与犯罪嫌疑人的 DNA 一致”这样的话吧？你知道这是什么意思吗？

在人类的指头上有一种独特的花纹叫指纹，就像人类的指纹各不相同一样，DNA 的碱基序列也是各不相同的。警察可以利用在犯罪现场发现的 DNA，和某人 DNA 的碱基序列进行比对，这样就能知道这组 DNA 是不是同一个人的了。但是人体内有大约 30 亿个碱基对，所以很难将所有的碱基序列都进行比对。因此只检查每个人的碱基序列中最为不同的那一部分，然后进行比对。

我们可以从血液、唾液、汗液、头发等物质中，轻松地获取人们的 DNA。首先大量地克隆我们想要调查的 DNA，然后将最特别的碱基序列进行剪切。把 DNA 的碎片按照大小进行分类，就会产生像条形码一样的独特条纹。每个人的条纹都有所不同，所以它被称为 DNA 指纹，如果 DNA 指纹相同，那么是同一个人的可能性就非常高。DNA 指纹无法用任何方式更改，它也因此成了寻找犯人的重要线索。

干细胞研究

人类非常努力地探究我们基因的秘密。1996 年人们成功地克隆了一只叫“多利”的羊。科学家将羊卵子中的细胞核去除之后，再从其他羊的细胞中取出细胞核植入其中，克隆出了新的羊。

人类还对干细胞进行研究，**干细胞**是可以长成各种细胞的全能细胞。

人是从一个叫作受精卵的细胞开始的，对吧？我不是说过受精卵会一直分裂形成人的身体吗，受精卵可以形成人体所有种类的细胞。受精卵持续分裂，细胞的数量也不断增加，然后各自形成不同种类的细胞。根据细胞的既定工作方向，它的结构和功能也会随之发生改变。每个细胞都有各自的分工，像这样已经确定了工作任务的细胞与受精卵不同，它们没法再形成其他种类的细胞了，它们通常只能制造与自己负责的工作相关的细胞。皮肤细胞只能制造出皮肤细胞，而不能制造脑细胞。

但是在你身体的每个角落，都隐藏着具有制造各种各样细胞能力的细胞，这种细胞叫作干细胞。所以科学家认为如果能够妥善地使用干细胞，或许就能用它制造出人们想要的细胞，

然后就可以利用干细胞制造出人体所有的细胞和器官。但是，科学家为什么要用干细胞制造人体的器官呢？

人类的肾脏、心脏、肝脏等器官如果损坏了，人就没法健康地生活了。所以人们通常进行器官移植，将身体中破损的部分器官换成健康的新器官。虽然现在也经常进行器官移植手术，但是想要找到健康的器官是非常困难的。另外，也不是谁的器官都能够进行移植的，身体会产生排斥反应。但如果使用自己的干细胞制造出的器官进行移植，就不会出现这种排斥反应，因为都是自己的细胞。

我们来想象一下这种情况吧。

嘀呜嘀呜！快让开，有患者来了。“您哪里不舒服呢？肝脏受损了吗？心脏也无法正常跳动了吗？别担心。我们已经事先用您的干细胞制造好了肝脏和心脏，马上就可以为您

更换。”

怎么样？光是想想就很安心，对吧？人们也是因此才产生了利用干细胞来事先制造人体器官的想法。虽然科学家还没有找到控制干细胞的方法，但是我相信要不了多久人类就能够找到办法的。我当然知道那个方法啦，但我可不能这么轻易就告诉你，嘿嘿！

科学家认为，如果利用生物克隆技术和干细胞，就可以在胎儿出生之前治疗他们的遗传疾病。可以提前检查受精卵中的基因，将可能引起遗传疾病的基因去掉，然后在其中植入正常的基因。可是科学家还不知道这样做会带来多大的副作用和危险，所以现在还无法实施这种技术。如果人们能够继续研究下去，就能够发掘出无限的可能性。人们正在逐一地发现和使用我们基因在漫长的岁月中所使用的技术。照这样下去，总有一天人类能够将我们所有的技术都弄明白。希望那个时候人类不要因为能够随意操纵我们而沾沾自喜，我也希望这种技术只运用在必要的地方，这就是我们基因最为迫切的愿望了。

基因和生物多样性

我们基因做的最重要的事情就是创造生物，为生物繁衍子孙。所以地球上就像现在这样充满了生物。我们存在于所有生物的细胞中，因此生物越多我们的数量也就越多，现在我们的数量已经多到足以填满地球。但为什么我们还要继续增加子孙呢？

那是因为生物是无法永远存活下去的，即使是在寿命还没有完全“用尽”的情况下，它们也会因为生病或者被其他生物吃掉而死去。当一个生物死亡之后，存在于它体内的基因也会随之消失。

那些健康的、环境适应能力强的生物，比那些体质弱、环境适应能力弱的生物活得更久，也能留下更多的子孙后代。像这样，环境适应能力强的个体生存下来，适应能力弱的个体消失的过程被称为**自然选择**。

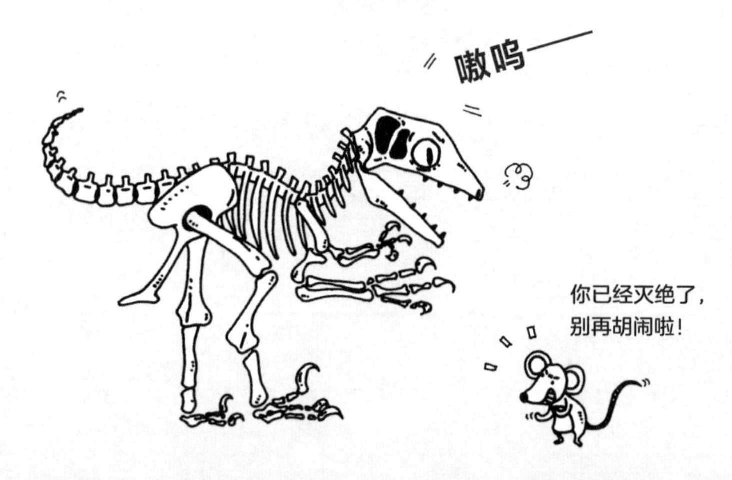

在自然选择中生存下来的生物身上都有些什么呢？当然是最适合的基因了。我们基因为了生存也会相互竞争吗？是的。经过自然选择，我们基因的适应性也逐渐变得越来越强。因为环境始终在变化，所以只有最适合当前环境的基因，没有最优秀的基因。为了以防万一，我们还是应该准备好能够适应各种环境的基因，对吧？

因此，我们想出的妙计就是创造生物的多样性。从寒冷的南极到炎热的沙漠，在整个地球上分布着各个种类的生物。

生物的多样性和基因的多样性是同样的概念。

多亏了生物的多样性，我们才能在任何环境中存活下来。就算是在恐龙都灭绝了的恶劣环境中，我们不是也活下来了吗？

生物的多样性还有其他的好处，那就是出现特别的生物和特别基因的可能性也增大了，就像和人类一样特别的生物与像我一样特别的基因。我们基因在漫长的岁月中一直努力开发新的能力，对任何事情都专注思考的精神和珍惜、爱护、关怀他人的心。对啦，还是多亏了金灵我，人们才能用语言来分享这份心情，不是吗？

人类常称自己为万物的灵长，他们认为自己是所有生物中最棒的。当然人类与其他动物是有所不同的，是唯一知道我们基因存在的生物，他们确实非常出色。但是人类在 600 万年前才出现在地球上，比起那些已经在地球上生存了 35 亿年的生物，人类其实算不了什么。而且数百万年来，人类一直过着与其他动物相似的生活。人类开始种植作物和饲养牲畜的历史还不到 1 万年。

虽然人类在短时间内就取得了许多成就，但从另一方面而言，他们却把地球搞得一团糟。他们的行为导致臭氧层出现了空洞，引发了温室效应，让其他生物难以生存，等等。虽然人类展望了遥远的未来，但他们对未来的设计能力却不足。

好在人类现在明白了，如果继续破坏自己生活的环境，他们自己也无法长久地生存下去，他们也开始产生了保护其他生物的意识。现在人类也了解到我们基因做了什么，想要些什么。

我们想要的是继续增加子孙后代，另外，如果想要把子孙延续到地球之外的话，人类就必须更加和谐地融入现在的环境中。人一直表现出超凡的能力，我相信人类以后也能做得更好。只要人类愿意努力创造出一个让多种生物和谐共存的更好的环境，我就承认我们创造的最佳作品是人类。当然，我们的最佳作品不仅仅是某个生物。

结束语

我的故事有趣吗？其实在过去的 35 亿年里我真的很孤独。可以说，经历了这 35 亿年孤独时光的我，能够遇见愿意倾听我故事的你，真的十分高兴。

好的，现在就请你好好地回忆一下我讲的故事，将那些在你的身体中沉睡的、聪明的基因朋友们都唤醒。

我很期待再一次和你一起聊天。

那么，祝你生活愉快，再见！

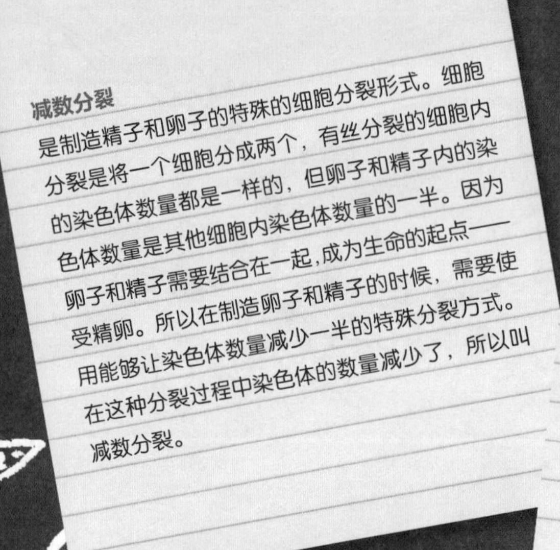

减数分裂

是制造精子和卵子的特殊的细胞分裂形式。细胞分裂是将一个细胞分成两个，有丝分裂的细胞内的染色体数量都是一样的，但卵子和精子内的染色体数量是其他细胞内染色体数量的一半。因为卵子和精子需要结合在一起，成为生命的起点——受精卵。所以在制造卵子和精子的时候，需要使用能够让染色体数量减少一半的特殊分裂方式。在这种分裂过程中染色体的数量减少了，所以叫减数分裂。

突变

是 DNA 发生变化的意思。DNA 的一部分消失、增多或者碱基序列发生变化，使基因出现异常。如果基因发生突变，就无法正常制造特定的蛋白质，身体就会因此出现各种疾病。但是有些突变也会带来好的结果，比如那些不会使身体发生大问题的小突变，会经过日积月累将这种基因遗传给后代，通过自然选择完成进化。生活在地球上的很多生物都是通过突变和自然选择而产生的。

脱氧核糖核酸（DNA）

是含有生物的遗传信息——基因的物质，存在于细胞核中。DNA 拥有双螺旋结构，看起来就像一个扭曲的梯子，它由脱氧核糖、磷酸、碱基组合而成。形成 DNA 的碱基有四种，分别是腺嘌呤 (A)、胸腺嘧啶 (T)、胞嘧啶 (C)、鸟嘌呤 (G)。将这些碱基按照顺序排列起来，就形成了碱基序列。在碱基序列中，生产蛋白质的特殊碱基序列被称为基因。孩子长得像爸爸和妈妈，就是因为遗传了含有爸爸和妈妈基因的 DNA。

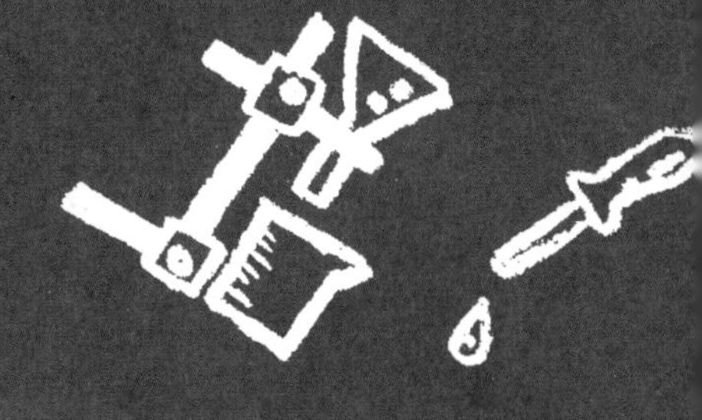

细胞

是构成生物体的最小单位。首先细胞聚集之后形成了组织，组织再聚集后就形成了器官，器官聚集在一起就连接成了系统，系统组合在一起，就形成了一个生命体。细胞的形状各不相同，它们所做的工作也各有不同。这是因为，虽然细胞内含有的基因都一样，但控制每个细胞活动的基因却不同。人体大约是由 70 万亿个细胞所组成，这些细胞的种类超过 210 种。

遗传

爸爸和妈妈的长相、性格、身体特征等都会遗传给他们的子孙。遗传是通过基因实现的，基因在 DNA 中，在染色体上，“盛装”在精子和卵子中传递给子孙。

染色体

当细胞进行分裂的时候，染色质丝就会扭曲缠绕在一起形成条状，这个条状的物质就叫作染色体。人体有 23 对染色体。生物的种类不同，染色体的数量也不同，水稻有 12 对染色体，狗有 39 对染色体，并不是染色体的数量越多生物就越高等。

自然选择

那些更能适应环境的生物存活下来并繁衍了子孙，而那些无法适应环境的生物，它们消失的可能性变得更高。这些生存下来的生物，通过基因将这种适应环境的特质遗传给子孙，随着时间的推移，带着更多有利于生存的优质特征的生物变得越来越多。这样的过程就叫作自然选择。

作者寄语

将所有生命都联系在一起的基因。

到了春天，那些整个冬天都处于枯萎状态的树枝上，也会绽放出鲜花、长出新的嫩叶。你应该也见过那些光秃秃的土地上长出新芽的景象吧？这是每年都会发生的事情，所以你可能不会去关心它们，而是就这样匆匆地略过了，又或者只是说一句“哇，花都开了”，然后短暂地欣赏了一下这些花就转身离开了。

但是，只要你愿意花一点时间去仔细观察一下，就会看到不一样的全新世界。首先来观察一下，那些看起来已经干枯的树枝，在吸收了水分之后就会变得紧绷，然后树枝上就会开始泛起浅浅的绿色。再去看看那些在不经意间就已经堆积得很厚的冬雪吧，当包裹在冬雪最外层的“外衣”打破之后，“外衣”就裂成了鳞片一样的小块，它的表面看起来是毛茸茸的。

也请你去看看，那些玉兰花绽放时的样子，还有那些在草丛中绽放着的花蕾，去看看小黄花开满草地的景致。

大自然静静地向那些观察它的人们展示着自己的秘密，当你了解到那个秘密的瞬间，也会感受到高兴和欣慰，这就是热爱自然的心。

自然就是这样，当你越了解它的时候，就越能发现它的新面貌。不需要显微镜也能观察到它们，只要有一把放大镜就能看清这个美丽又神秘的世界。科学家向我们展示了比我们所能观察到的更为深奥的世界，通过他们的研究，我们了解了将所有生物联系在一起的基因与环境之间的相互作用，以及它们创造出无数生物的过程。我们并不是与其他生物脱节的，我们和所有生物都有着亲密的关系。有谁知道我们和香蕉的基因相似度约为 60%？

基因给了我们理解世界、设计未来的能力，但我们却一直在用这种能力破坏着作为我们故乡和家园的自然，我们的自满让我们无法看清自己真正的面貌。但请大家一定要记住，尽管我们和其他生物不同，但我们与所有的生物都是亲切的同盟关系。我希望我们能够将自己的能力“共享”给所有的生物。

李闲吟

讲给孩子的基础科学

电是怎样产生的？风是如何形成的？
我们的周围充满了各种神奇的秘密。
张开好奇心的翅膀，天马行空地去想象，
这是一件多么令人激动、令人神往的事情！
科学就起源于这令人愉悦的好奇心和想象力。
从现在起，百变科学博士将
变身为电子、风、遗传基因等各种各样的奇妙事物，
带您去探索身边的科学奥秘，
开启一趟充满趣味、惊险刺激的科学之旅！
来吧，让我们向着科学出发！